浙江省哲学社会科学规划课题（（21NDJC034YB），教育部哲学社会科学研究重大课题攻关项目（20JZD013）和北京大学-林肯研究院城市发展与土地政策研究中心2020～2021年度研究基金项目（FS06-20201101-WJY）

中国自然保护地融资机制

吴佳雨◎著

U0223539

科学出版社

北京

内 容 简 介

传统的财政机制在保护地巨大的资金缺口前经常捉襟见肘，维护保护地资金稳定在世界范围内都属难题。《建立国家公园体制总体方案》特别强调"建立财政投入为主的多元化资金保障机制、探索多渠道多元化的投融资模式"。如何保障保护地持续稳定充足的资金投入，是中国保护地体系制度建设的首要难题。本书以利益还原理论为基础，辨析中国保护地融资法理基础，构建保护地融资的理论框架，比较不同融资工具在实施过程中的交易成本，对中国构建以国家公园为主体的自然保护地体系具有重要意义。

本书适用于不同教育背景的读者和专业人群，包括国土空间规划、自然资源治理、人文地理、风景园林等领域的专业人员，也可作为相关学科的教学参考书籍。

图书在版编目（CIP）数据

中国自然保护地融资机制／吴佳雨著. —北京：科学出版社，2022.3
ISBN 978-7-03-071866-2

Ⅰ．①中…　Ⅱ．①吴…　Ⅲ．①自然保护区–融资机制–研究–中国
Ⅳ．①S759.992

中国版本图书馆 CIP 数据核字（2022）第 043676 号

责任编辑：李晓娟／责任校对：任苗苗
责任印制：吴兆东／封面设计：无极书装

科 学 出 版 社 出版
北京东黄城根北街 16 号
邮政编码：100717
http://www.sciencep.com

北京建宏印刷有限公司 印刷
科学出版社发行　各地新华书店经销

*

2022 年 3 月第 一 版　开本：720×1000　B5
2022 年 10 月第二次印刷　印张：14 3/4
字数：300 000

定价：188.00 元
（如有印装质量问题，我社负责调换）

前　　言

　　近年来中国保护地体系的构建越来越受到国家的重视，不断出台的政策文件显示出保护地体系的构建已经成为生态文明建设的核心部分。保护地空间管制有助于实现遗产资源合理保护与开发，同时也带来土地增值分配与减值补偿的问题。在这样的背景下，本书构建了自然保护地融资的理论框架和实施路径，对完善中国保护地的空间管制制度和指导中国保护地多层级融资实践具有重要意义。

　　本书明晰了中国保护地融资的法理基础。近年来中央政策文件中保护地体制建设被提到前所未有的高度，相应出台的保证遗产地专项资金投入的一系列政策也逐步开始实施。与保护地专项资金保障实践不断探索相对的是保护地利益还原理论与融资研究的缺失，即使在保护地空间管制需要补偿的法理方面也含糊其辞。本书通过探讨保护地空间管制与征收征用、产权限制和公共负担平等的法理关系，明确了保护地在公法发展权和私法所有权上的双重特别牺牲，为中国保护地融资寻找到了坚实的法理基础。

　　本书构建了中国保护地融资的理论框架。无论是国际还是国内的学术研究中，都有大量关于土地增值收益分配的学术论述，尤其是国际上形成了成熟的土地价值捕获（value capture）研究体系，本书将从两个方面拓展该理论体系：首先，本书拓宽了价值捕获理论的概念内涵，一般研究中强调了土地增值收益分配，但忽视了另一面，即土地减值补偿，具有双向性的融资概念丰富了价值捕获理论体系；其次，价值捕获理论体系较多关注城市地区，很少涉及以生态保护为主的保护地，本书架构的保护地融资理论框架丰富和扩大了价值捕获理论的内涵与适用范围。

本书完善了中国保护地体系的资金保障制度。虽然在大部分国家，保护地最大的资金来源是国内政府预算，但是保护地的资金是否应该全部由国家负担尚值得思考；除国家负担的保护资金外，还有哪些其他利益主体应该承担保护资金也尚不明确。本书建立的保护地空间管制三层融资体系，对于建立中国保护地完整、有效的资金保障制度具有直接的指导意义。

本书旨在指导中国保护地多层级融资实践。虽然国家层面已经开始着手建立健全森林、草原、湿地、荒漠、海洋、水流、耕地等领域的生态保护补偿机制，健全国家公园生态保护补偿政策，但整体来看，生态补偿效果并不理想；保护地空间管制导致的土地价值变化也并未能准确识别；保护地内部的土地价值差异导致的收益差异也未能有效解决。因此，本书提出的融资体系对于中国保护地融资实践具有重大意义。

吴佳雨

2022 年 1 月

目　录

第1章 | 引 言

1.1 政策背景

1.1.1 加强保护地管理已经成为中国生态文明建设的重要内容

2011 年 12 月，国务院印发的《全国主体功能区规划》将全国国土空间统一划分为优化开发、重点开发、限制开发和禁止开发四大类主体功能区，明确将自然与文化遗产资源涉及的风景名胜区、自然保护区等区域为禁止开发区。2012 年 11 月，中共十八大报告指出"建设生态文明，是关系人民福祉、关乎民族未来的长远大计……努力建设美丽中国，实现中华民族永续发展""加快实施主体功能区战略，推动各地区严格按照主体功能定位发展"。在"生态文明与美丽中国"的目标指引下，时隔一年，2013 年 11 月，中国共产党第十八届中央委员会第三次全体会议通过了《中共中央关于全面深化改革若干重大问题的决定》，其第 52 项中明确提出"划定生态保护红线。坚定不移实施主体功能区制度，建立国土空间开发保护制度，严格按照主体功能区定位推动发展，建立国家公园体制"。2015 年 11 月，"十三五"规划提出"建立国家公园体制，整合设立一批国家公园"。2017 年 10 月，中共十九大报告指出"构建国土空间开发保护制度，完善主体功能区配套政策，建立以国家公园为主体的自然保护地体系"，保护地体系建设和管理问题成为生态文明建设的有机组成部分。

2011 年的《全国主体功能区规划》、2012 年的中共十八大报告、

2013 年的《中共中央关于全面深化改革若干重大问题的决定》、2015年的"十三五"规划、2017 年的中共十九大报告在时间和内容上的递进关系，说明国家发展战略实施脉络清晰、落实有力。国家从整体国土空间与区域功能的层面将以划定"禁止开发区"为先导，整合风景名胜区、自然保护区等多种自然与文化遗产类型，不但预示着建立中国保护地体系的基础已具备，也意味着出于生态文明建设需求的保护地管理成为一个备受瞩目的议题。

1.1.2 保护地管理的资金不足是落实生态文明建设的难点所在

保护地管理的资金匮乏在世界范围内都属难题。尽管部分保护地被列入《世界遗产名录》后获得了更多的资金来源，但现实情况却依旧不容乐观，很多保护地仍面临资金短缺的困境。传统的财政机制（如政府预算、双边或多边援助项目、旅游收入、非政府组织的捐助等）在巨大的保护地资金缺口前经常捉襟见肘，维护保护地资金稳定十分不易。主要原因有政府预算不足、资金来源渠道单一、资金管理能力薄弱等。

中国保护地管理的资金问题尤受关注。2017 年中共中央办公厅、国务院办公厅印发了《建立国家公园体制总体方案》，特别强调了"建立财政投入为主的多元化资金保障机制……在确保国家公园生态保护和公益属性的前提下，探索多渠道多元化的投融资模式"。现实中，中国保护地运营资金不足问题突出。以目前的 9 处国家公园试点为例，试点运营成本 1.8 亿～15 亿元，包括集体林地补偿、社会保障、资源保护、人员安置费、社区居民搬迁安置费、征地费、承包经营退出补偿费等因空间管制而产生的资金需求。巨大的财政缺口直接导致许多保护地过度旅游开发，遗产资源被严重破坏。因此如何保障保护地持续稳定充足的资金投入，是中国保护地体系制度建设的首要难题。

1.1.3 中国保护地融资需要结合土地减值补偿和增值收益分配

为使保护地突出的普遍价值（outstanding universal value，OUV）

及其真实性和完整性得到长期有效的保护，需要实行有效的空间管制。在中国，保护地资源类型多样，人地关系复杂。既有以严格保护为主的自然保护区，强调自然生态系统、珍稀濒危野生动植物物种的保护；也有以保护与利用结合为主的风景名胜区，强调自然与人文景观的保护、教育、科研和游憩等活动。自然保护区与国外的国家公园较为相似，严格的空间管制使得区域内土地发展权受到限制，往往土地价值受损而需要补偿。而风景名胜区中，往往既有严格限制发展的生态保护区、自然景观保护区、史迹保护区、风景恢复区，也有可以适度旅游开发的风景游览区，因而，既有土地发展权被严格限制而需补偿的区域，也有因开发建设等活动使土地发展权实现增值收益的区域。与此同时，保护地与周边土地价值也存在显著差异，内部因空间管制而使价值受损，外部却因保护地而使价值上涨。所以，中国的保护地因空间管制导致的土地增值和减值同时存在，处理好土地增值和减值的平衡是推进保护地管理、寻求保护地多途径资金来源的重要问题。

中国保护地不仅是自然与文化遗产的重要载体，同时也承载了大量居民生活和生产活动。保护地内土地既有国有土地（国有建设用地和国有林场等），也有大量集体土地（耕地、宅基地和集体经营性用地等）。为此，特殊的土地制度设置，使中国的保护地与国外土地增值或减值收益补偿机制存在不同，因此构建中国保护地土地增值（或减值）收益分配（或补偿）机制具有重要的现实意义。

1.2　概念内涵辨析

1.2.1　保护地

根据世界自然保护联盟（International Union for Conservation of Nature，IUCN）的定义，保护地是指"通过立法或者其他有效途径识别、专用和管理的，有明确边界的地理空间，以达到长期自然保育、生态系统服务和文化价值保护的目的"。截至 2014 年，全球自然保护地共计 207 201 处，占地球陆地总面积 12.7%。在 IUCN 分类体系中，保护地分为 6 类，分别是：①严格自然保护区（strict nature reserve）、荒野保护区（wilderness area）；②国家公园（national park）；③天然纪念物保护区（natural monument）；④栖息地/物种管理地区（habitat/species management area）；⑤陆地/海洋景观保护区（protected landscape/seascape）；⑥受管理的资源保护区（protected area with sustainable use of natural resources）。

在我国，保护地属于主体功能区中的"禁止开发区"，主要包括自然保护区（国家级自然保护区 467 处、省级自然保护区 2202 处）、风景名胜区（国家级风景名胜区 244 处、省级风景名胜区 737 处）、森林公园（国家级森林公园 827 处、省级森林公园 2028 处）、地质公园（国家级地质公园 185 处）、湿地公园（国家级湿地公园 140 处、省级湿地公园 158 处）、海洋特别保护区（国家级海洋特别保护区 21 处）以及国家公园（试点 10 处）。中国保护地约占国土陆地面积的 17%。

本书界定的保护地是指以自然本底为遗产载体，保护自然与文化遗产资源、具有明确地域空间边界的现有各类型保护地的总称。与保护地相关的概念很多，表 1.1 列举了保护地相关的概念，根据遗产载体与遗产要素的自然属性和人文属性（图 1.1），本书保护地定义范围主要是依托自然载体的各类保护地，包括列入《世界遗产名录》的自然遗产、文化遗产、混合遗产、文化景观，列入我国相关遗产保护区域的自然保护区、风景名胜区、森林公园、地质公园、湿地公园、海洋特别保护区、国家公园、全国重点文物保护单位、历史文化名城（镇、村）。其中，文化遗产以及完全以文化遗产保护为主的全国重点文物保护单位和历史文化名城（镇、村）等，并不在本书的讨论范围内。

表 1.1　本书保护地的定义范围

遗产区域类型	定义	管理机构	是否为本书保护地的讨论对象
自然遗产	1）从审美或科学角度看具有突出的普遍价值的由物质和生物结构或这类结构群组成的自然面貌。 2）从科学或保护角度看具有突出的普遍价值的地质和自然地理结构以及被明确划为受威胁的动物和植物生境区。 3）从科学、保护或自然美角度看具有突出的普遍价值的天然名胜或明确划分的自然区域	UNESCO-WHC	是
文化遗产	1）文物：从历史、艺术或科学角度看具有突出的普遍价值的建筑物、碑雕和碑画、具有考古性质的成分或结构、铭文、窟洞以及联合体。 2）建筑群：从历史、艺术或科学角度看在建筑形式、分布均匀或与环境景色结合方面具有突出的普遍价值的单体或连接的建筑群。 3）遗址：从历史、审美、人种学或人类学角度看具有突出的普遍价值的人类工程或自然与人联合工程以及考古地址等地方	UNESCO-WHC	否
混合遗产	兼具自然与文化遗产	UNESCO-WHC	是
文化景观	1）由人类有意设计和建筑的景观。包括出于美学原因建造的园林和公园景观，它们经常（但并不总是）与宗教或其他纪念性建筑物或建筑群有联系。 2）有机进化的景观。它产生于最初始的一种社会、经济、行政以及宗教需要，并透过与周围自然环境的互动及联系而发展到目前的形式。它又包括两种类别：一是残遗物（或化石）景观，代表一种过去某段时间已经完结的进化过程，不管是突发的还是渐进的。它们之所以具有突出的普遍价值，还在于其显著特点依然体现在实物上。二是持续性景观，它在当今与传统生活方式相联系的社会中，保持一种积极的社会作用，而且其自身演变过程仍在进行之中，同时又展示了历史上其演变发展的物证。 3）关联性文化景观。这类景观列入《世界遗产名录》，以与自然因素、强烈的宗教、艺术或文化相联系为特征，而不是以文化物证为特征	UNESCO-WHC	是
自然保护区	指对有代表性的自然生态系统、珍稀濒危野生动植物物种的天然集中分布区、有特殊意义的自然遗迹等保护对象所在的陆地、陆地水体或者海域，依法划出一定面积予以特殊保护和管理的区域	生态环境部、国家林业和草原局	是

遗产区域类型	定义	管理机构	是否为本书保护地的讨论对象
风景名胜区	指具有观赏、文化或者科学价值，自然景观、人文景观比较集中，环境优美，可供人们游览或者进行科学、文化活动的区域	住房和城乡建设部	是
森林公园	具有一定规模和质量的森林风景资源与环境条件，可以开展森林旅游，并按法定程序申报批准的森林地域	国家林业和草原局	是
地质公园	一个领地内含有一个或者多个拥有科学研究价值的遗址，这种科学研究价值包括地质、考古、生态以及文化价值	自然资源部	是
湿地公园	以具有显著或特殊生态、文化、美学和生物多样性价值的湿地景观为主体，具有一定规模和范围，以保护湿地生态系统完整性、维护湿地生态过程和生态服务功能并在此基础上以充分发挥湿地的多种功能效益、开展湿地合理利用为宗旨，可供公众浏览、休闲或进行科学、文化和教育活动的特定湿地区域	国家林业和草原局	是
海洋特别保护区	具有特殊地理条件、生态系统、生物与非生物资源及海洋开发利用特殊要求，需要采取有效的保护措施和科学的开发方式进行特殊管理的区域	国家海洋局	是
国家公园	各国定义不尽相同，主要指"它有一个或多个生态系统，通常没有或很少受到人类占据及开发的影响；具有科学的、教育的或游憩的特定作用，或者高度美学价值的自然景观；在这里，政府管理机构可以采取措施阻止或取缔人类的占据和开发并切实尊重区域内的生态、地貌或美学实体；到此观光须以游憩、教育及文化陶冶为目的，并得到批准。"	国家发展和改革委员会	是
全国重点文物保护单位	具有重大历史、艺术、科学价值的不可移动文物	国家文物局	否
历史文化名城（镇、村）	保存文物特别丰富、具有重大历史价值或者纪念意义而且正在延续使用的城市	住房和城乡建设部	否

注：UNESCO-WHC 为联合国教育、科学及文化组织世界遗产委员会。

1.2.2 空间管制

空间管制源于 19 世纪末德国和美国的土地用途管制，现已被各国和地区普遍采用，有"土地使用分区管制"（美国、日本、加拿大

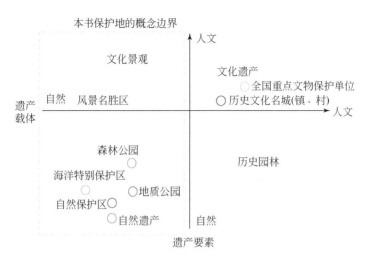

图 1.1　基于遗产载体与遗产要素的保护地的概念边界

等)、"建设开发许可制"（中国香港地区、韩国、法国等)、"规划许可制"（英国)、"土地使用管制"（瑞典、中国台湾地区）等不同称谓。尽管表述不同，各国和地区实施土地用途管制的目标是一致的，都是通过土地用途分区及其配套管制措施实施，引导土地的合理开发和利用，促进经济、社会和环境的协调持续发展。

中国的空间管制最早源于 1984 年设立的建设用地规划许可制度，之后推行了分级限额审批空间管制方式（林坚，2014)。但是，由于经济发展和各类建设的冲击，耕地大量流失，中国粮食安全问题成为国际性的政治化议题。2019 年第三次修订的《中华人民共和国土地管理法》明确"国家实行土地用途管制制度。国家编制土地利用总体规划"，并设立了农用地转用审批等制度，将权限上收到中央政府和省级政府（林坚等，2017a)。至此，围绕耕地特殊保护与建设用地控制的土地用途管制制度出台，并配合城乡规划的"三证一书"① 制度，形成中国的空间管制规则体系之主体内容（表 1.2)。

_____

①　"三证一书"是指《建设用地规划许可证》、《建设工程规划许可证》、《乡村建设规划许可证》和《建设项目选址意见书》。

表 1.2　我国国土空间用途管制的形成过程

时间	部门	管制依据	管制内容
1984 年	国务院	《城市规划条例》	明确了城市规划区建设用地许可证和建设许可证制度
1986 年	全国人民代表大会常务委员会	《中华人民共和国土地管理法》	确定了"统一的分级限额审批"的土地管理模式
1989 年	全国人民代表大会常务委员会	《中华人民共和国城市规划法》	完整地提出了建设项目选址建议书、建设项目规划许可证、建设工程规划许可证的规划实施管理制度
1998 年	全国人民代表大会常务委员会	《中华人民共和国土地管理法》第一次修正	标志着我国土地用途管制制度的正式确立
2007 年	全国人民代表大会常务委员会	《中华人民共和国城乡规划法》	以"三证一书"管理为标志的空间管制体系得以确立

与空间管制概念相近的有土地用途管制、空间管治,它们之间的差异在于以下内容。

1)空间管制相较于土地用途管制,管制对象有三个方面的拓展:其一,就管理的资源类型来说,我国土地用途管制制度主要是农转用管制,严格限制农用地转为建设用地。空间管制则不局限在以基本农田保护为核心的耕地保护(林坚和唐辉栋,2017a),而是要扩展到以生态红线划定为重点的河流、森林、草原等各类自然生态空间保护(林坚等,2016)和以城镇开发边界为重点的建设活动引导管理(林坚和乔治洋,2017)。其二,土地用途管制只涉及陆域空间,在"海陆统筹"和"一带一路"倡议的背景下,空间管制更加关注陆海统一管理和海域空间的资源利用与开发。其三,在对建设用地开发管制中,土地用途管制主要对土地利用的范围、密度、容积率进行开发强度的控制(林坚和唐辉栋,2017b),强调的是地表与地上空间的开发利用,空间管制将其拓展到地下空间,实现地表、地上和地下统一协调建设。

2)空间管制相较于空间管治,空间管制的主体是以政府为主导的,是政府的行为规范,主要通过制定某种规章制度,并通过一定手段来加以实现;而空间管治的主体是多元化的,更加强调政策实施过程中的协调机制构建模式和途径。具体到区域规划层面，空间管制主要关注的是区域规划方案的制定和管制措施的提出，而空间管治主要关注的是多方利益主体对空间利益的权衡；空间管制偏重于空间上的理想状态，目标意图较强，而空间管治偏重于实现目标的政策措施和动态过程。

结合前文对空间管制的分析，本书理解的空间管制是对特定区域的各类土地用途和开发强度进行有序规划、合理引导的空间治理手段。本书提出的保护地空间管制是以实现保护地遗产资源突出的普遍价值、维持生态系统稳定、资源合理利用等公共利益为目标，对保护地内各类土地用途和开发强度进行有序规划、合理引导的空间治理手段。

具体而言，尽管我国现在的保护地体系包括自然保护区、风景名胜区、森林公园、地质公园、矿山公园、湿地公园、世界生物圈保护区、国家级海洋特别保护区等，相应的定义和关注对象不尽相同，且有不同的国家主管部门和法规标准，但是都采用了相似的空间管制方式（表1.3～表1.7）。

表1.3 自然保护区空间管制规则

分区	范围	管制规则
核心区	保存完好的天然状态的生态系统以及珍稀濒危动植物的集中分布地	禁止任何单位和个人进入，除经批准外，也不允许进入从事科学研究活动
缓冲区	核心区外围可以划定一定面积	只准进入从事科学研究观测活动
实验区	缓冲区外围	可以进入从事科学试验、教学实习、参观考察、旅游以及驯化、繁殖珍稀濒危野生动植物等活动

表1.4 风景名胜区空间管制规则

分区	范围	管制规则
特级保护区	自然保护核心区；其外围应有较好的缓冲条件	不应进入游人；不得搞任何建筑设施
一级保护区	一级景点和景物周围	可以安置必需的步行游赏道路和相关设施，严禁建设与风景无关的设施，不得安排旅宿床位，机动交通工具不得进入此区
二级保护区	非一级景点和景物周围	可以安排少量的旅宿设施，但必须限制与风景游赏无关的建设，应限制机动交通工具进入此区

分区	范围	管制规则
三级保护区	对以上各级保护区之外的地区应划为三级保护区	有序地控制各项建设与设施,并应与风景环境相协调

表1.5 森林公园空间管制规则

分区	范围	管制规则
核心景观区	拥有特别珍贵的森林风景资源	必须进行严格保护的区域,除了必要的保护、解说、游览、休憩和安全、防卫、景区管护站等设施外,不得规划建设住宿、餐饮、购物和娱乐设施
一般游憩区	森林风景资源相对平常	可开展旅游活动区域,规划少量旅游公路、停车场、宣教设施、景区管护站及小规模的餐饮点、购物点
管理服务区	为了满足森林公园管理和旅游接待服务需要而划定的区域	规划入口管理区、游客中心、停车场和一定数量的住宿、餐饮、购物、娱乐等接待服务设施,以及必要的管理和职工生活用房
生态保育区	以生态保护修复为主的区域	不进行开发建设、不对游客开放

表1.6 地质公园空间管制规则

分区		管制规则
地质遗迹保护区	特级保护区	只允许经过批准的科研、管理人员进入开展保护和科研活动,区内不得设立任何建筑设施
	一级保护区	可以安置必要的游赏步道和相关设施,但必须与景观环境协调,要控制游客数量,严禁机动交通工具进入
	二级保护区	允许设立少量地学旅游服务设施,但必须限制与地学景观游赏无关的建筑,各项建设与设施应与景观环境协调
	三级保护区	
游客服务区		可发展与旅游产业相关的服务业,控制其他产业,不允许发展污染环境、破坏景观的产业

表1.7 湿地公园空间管制规则

分区	管制规则
保育区	开展保护、监测等必需的保护管理活动,不得进行任何与湿地生态系统保护和管理无关的其他活动
恢复重建区	开展退化湿地的恢复重建和培育活动
宣教展示区	开展湿地服务功能展示、宣传教育活动
合理利用区	开展生态旅游、生态养殖,以及其他不损害湿地生态系统的利用活动
管理服务区	湿地公园管理者开展管理和服务活动

综合来看，各类保护地空间管制的形式虽然类似，但管制强度却有显著差别。结合图 1.2 可以看出，对自然保护区空间管制是最为严格的，只有获得审批的科研活动可以进入，禁止其他一切人类活动的进入和设施建设，这是与现行《中华人民共和国自然保护区条例》相一致的。对于风景名胜区，允许极小规模的访客活动进入，并禁止所有永久性设施。考虑到风景名胜区在价值展示、解说教育方面的重要功能，这一区域的设置旨在为访客提供高品质的徒步、欣赏自然美景和了解生态系统、生物多样性的机会，但应受到极为严格的管理。对于其他类型的自然保护地，部分分区强调了为公众提供游憩机会和必要服务设施，发挥向全民展示自然保护成果、宣教自然保护观念的功能，为公众提供合适的游憩机会，从而在一定程度上缓解自然保护区与风景名胜区的旅游压力。中国保护地空间管制强度比较如图 1.2 所示。

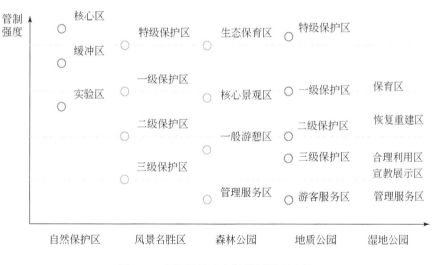

图 1.2　中国保护地空间管制强度比较

1.2.3　利益还原

尽管已有文献广泛讨论了利益还原（更多的称为价值捕获），但其仍是一个开放的概念，有着不同的术语定义和使用范畴（表 1.8）。

利益还原已经被用来涵盖不同类型的政策或规章制度，本质是不管增值的具体原因，识别并捕获任何形式的"外力增值"。betterment（土地增值）是最直接的反映土地价值内涵变化的术语。

表1.8　土地增值（减值）的相关术语

术语	内涵	国家
betterment	由规划或公共基础设施建设直接促成的土地价值上升。 与 compensation（补偿）一词意义相对，因为 compensation 很多时候也称作 worsement 或者 worsenment	英国及其前殖民地
unearned increment	由公共决策或社会经济总体发展带来土地价值的上涨，而非由土地所有者自己的劳力带来的增值	国际性术语（世界银行和联合国规范用语）
plus value	兼具 betterment 和 unearned increment 的含义	西班牙语国家
windfalls	直译为"意外的收获"，与 wipeouts 相对；表示不动产中不劳而获的收益；并不是专业或法律术语	美国
givings	与 takings 相对，表示征收的反义	美国
value capture	价值捕获，通用术语，可用于表示以上所有内容	国际性术语

对于利益还原是否要判别价值增减的原因，现有研究尚未提及。现实中政策并没有形成统一的、向土地所有者或开发商索取土地自然增值的模式。为了提供更广阔的研究视野，Alterman（2012）提出了三类与利益还原相关的政策工具：①宏观的利益还原；②直接的利益还原；③间接的利益还原。为了更好地与我国土地产权制度衔接，本书的分类体系与 Alterman 提出的并不完全一致。

空间管制总是相伴着土地价值的增加或减少，其中影响机制可以分为两类：空间管制对地块的直接影响和对邻近地块的外部效应影响。

第一种情况通常是对地块土地发展权的管制导致的。由于政府对土地利用的干预，空间管制直接促使土地发展权与土地所有权的分离，土地所有者并不能完全凭自己意愿开发土地，而要受到政府严格的管制。一方面地块可能因为由低收益用途调整为高收益用途（如农转用）或者由低容积率调整为高容积率，地块价值显著增值；另一方面地块也可能因为公共利益需求而限制开发，如遗产保护和环境保护。

第二种情况通常是由空间管制的外部性导致的。地块周边空间管制条件变化，如环境、基础设施、人口社会发展等变化，导致地块价值变化，也就是空间管制的外部性。外部性可以是正向的也可以是负向的，周边地铁或公园带来土地增值，而污染的工厂或快速路建设导致土地减值。

因此，从字面意思来看，利益还原就是指将利益归还到其本来的地方。空间管制利益还原是指对空间管制导致的土地利益改变进行还原，在本书也就是对保护地进行融资的过程。利益还原与国际上较为成熟的价值捕获理论体系有很强的关联性。但是利益还原相较而言内涵更为完整，体现了负担与补偿的双向关系，本书从利益还原的视角阐释保护地的融资机制，不仅关注保护地融资中利益还原的对象（保护地内土地权利人），同时也关注利益还原的主体（价值捕获的对象）和利益还原的方式（表 1.9）。

表 1.9　利益还原相关概念辨析

项目	土地价值捕获	利益还原	保护地利益还原（融资）
土地价值	增值	增值或减值	增值和减值
土地价值变化原因	发展权兑现，正的管制外部性	发展权兑现或受限，正或负的管制外部性	发展权受限，正的管制外部性
外力增值归属	政府	政府或土地权利人	土地权利人（土地价值受损主体）

1.3　国内外保护地融资研究进展

1.3.1　国外研究进展

1. 土地价值捕获在国际上最为流行，研究多为已有经验方法的总结

在国外的融资研究中，"土地价值捕获"是最为主流的研究内容，相对来说也已经形成了比较成熟的研究体系（Hendricks et al., 2017）。

由前文可知，空间管制对土地价值的影响分为土地发展权管制和空间管制的外部性两方面。在这两方面的研究中，空间管制的外部性，尤其是捕获周边土地基础设施因融资导致的土地增值收益是研究最为密集的领域（McIntosh，2017），且该研究领域相当热门（Batt，2001；Peterson，2009；Muñoz-Gielen，2014）。而土地发展权调整导致的土地增值在国际上的研究则显得相对不足。

国际上有关"价值捕获"的研究大量集中在经验介绍、制度对比、机制分析以及实施评价几个方面，最主要的一类研究是对各个国家、地区价值捕获实践经验的介绍和归纳。林肯土地政策研究院（Lincoln Institute of Land Policy）在这方面做出了突出的贡献，组织编写了巴西（de Cesare，1998）、英国（Ingram and Hong，2012）、中美洲（Lichfield and Connellan，1997；Smolka and Amborski，2000；Apell，2017；Garza，2017）、新加坡（Hui et al.，2004）、中国台湾（Lam and Tsui，1998）和中国香港（Hong and Lam，1998）等国家或地区土地增值价值捕获政策实施的方法及要点。

制度比较作为"价值捕获"研究的重点，工作主要分为两个方面。一类研究是同一国家或地区内的不同土地增值价值捕获的比较，如 Hong 和 Lam（1998）比较了中国香港主要的四种土地价值捕获的分配方式，认为不同的方式之间交易成本不同导致有效性相差甚大。另一类研究是对比不同国家之间的价值捕获机制，最为经典的研究是Alterman（2012）基于对 13 个国家土地增值价值捕获方式的总结和对比，归纳出三种土地增值价值捕获方式：一是融合在宏观制度和政策中的策略；二是以土地税费为代表的直接价值捕获；三是以额外的发展权或者一些规划限制的放松为交换索取一定的土地或者是公共服务建设的间接价值捕获，他认为，宏观的价值捕获策略和直接的价值捕获策略都应用的不多，并且其实施效果也不理想，而间接的价值捕获工具在各个国家越来越流行。Hui 等（2004）对比了中国香港和新加坡的土地增值价值捕获机制，指出两地的差异性是由两地不同的政治经济文化背景决定的。

国际上"价值捕获"研究为本书提供了充足的参考和借鉴资料，但是这些研究的不足在于对不同模式和机制在实施效果、适用条件等方面的差异解释不足，因此缺乏对机制的改进、推广和借鉴的实际指导作用。

2. 英国规划得益和美国土地发展权转移（购买）是研究最多的融资手段

英国规划得益（planning gain），又称规划义务（planning obligations），在国外研究中被广泛地讨论，是颇为流行的一种融资政策工具，在各个国家都有效仿和推广，如美国的土地细分（subdivision）（Marcus，1981）、奖励性区划（incentive zoning），法国的参股制（participation），荷兰的成本补偿（cost retrieval）等（Alterman，2012）。

英国对于规划得益的探讨很多，包括对规划得益的法理正当性进行辨析（Loughlin，1981；Wiltshaw，1984；Bowers，1992）、规划得益实施中的协商问题（Bunnell，1995；Claydon and Smith，1997）和规划得益的社会效应，如对保障房的影响（Crook et al.，2006；Crook and Monk，2011）等。在美国，规划得益方法也被借鉴和推广，各个州的土地细分或奖励性区划出现的方式也是多种多样，除了对法理上的讨论外（Wegner，1986），还包括土地细分费等政策的社会效应，如它们对房价（Mathur et al.，2004）、城市形态（Gyourko，1991）等的影响。英美两国规划得益也有区别：其一，美国规划得益会更加注重土地增值收益缘由的分类，而英国规划得益并不会区分土地增值是否源于空间管制；其二，英国规划得益项目中的矛盾主体是开发商的竞争，而美国规划得益项目中的矛盾主体是地方政府间的竞争（Saxer，2000）。

美国土地发展权转移（购买）是另一类非常热门的融资政策工具。土地发展权转移（购买）在美国 33 个州都已被推广，大量的开敞空间和农地因此受益。关于土地发展权转移（购买）的研究主要分为以下五个方面：①土地发展权转移（购买）的产生背景及其作业要点，包括设计要素（发送区、接收区、可出售的土地发展权转移比率、接收区额外开发密度、接收区土地发展权转移需求等）（Beetle，

2002；Walls and McConnell，2007）。②土地发展权的供给（Conrad and LeBlanc，1979）和需求（Field and Conrad，1975；Small and Derr，1980；McConnell et al.，2005a）。③土地发展权转移（购买）的优势性，包括解决管制区划的外部性（Plantinga et al.，2002）、"准征收"公平补偿（Nickerson and Lynch，2001）、较低的实施成本（Pruetz，2003）以及控制城市规模增长（McConnell et al.，2005b）。④土地发展权实施所面临的困境，包括导致交通拥挤、环境污染（Tavares，2005）、实施环境要求较高（Thorsnes and Simons，1999）、公众配合及对土地发展权转移的普及（Hanly-Forde et al.，2006）。⑤土地发展权转移的激励及保障因素，包括发送区的分区因素有利于抑制土地所有者的开发行为并能促进土地发展权转移售出（Pruetz，2003）、接收区因素对土地发展权转移项目成功实施的影响主要表现在对发展权的需求上（Kendall and Ryan，1995）、法律保障（Barrese，1983）、银行系统支持（Kaplowitz et al.，2008）等。

这类研究没有统一的框架，以实证案例为主，为价值捕获机制研究提供了丰富的案例资源。但这类研究存在两个问题，一是很多融资的工具并不一定适用于保护地；二是这些研究比较零散，缺少统一的理论框架。国际上已有不少生态补偿的研究，但很少置于融资的框架下讨论，已有研究主要包括生态补偿制度（Wunder，2007）、对贫困地区的生态补偿制度（Corbera et al.，2007；Kosoy et al.，2007）、生态补偿的公平性（Sommerville et al.，2010；Borner et al.，2010）、市场机制（Wunscher et al.，2008；Kosoy and Corbera，2010）及其他方面（Kerr，2002；Zbinden and Lee，2005；Wunder et al.，2008）。

1.3.2　国内研究进展

1. 现有融资研究多关注土地增值收益分配问题，土地减值补偿问题主要集中在农地征收领域

国内对融资有关的研究以理论与经验引介为主。梁鹤年（1996）

最早梳理了中国土地价值相关的概念，并提出政府应该保留土地增值收益权的建议。之后有部分学者对中国进行土地增值收益分配的原理进行了研究，如张俊（2007）指出按贡献分配是我国城市土地增值收益分配的基本原理，通过按贡献分配与按需要调节来兼顾公平和效率。法学领域也对保护地融资有所研究，主要研究方法为对国外司法判例进行实例分析，从判例中界定融资的主体、对象与程度范围（徐键，2007a），与融资息息相关的"利益还原"一词最早也是用于交通等基础设施开发中受益者负担的研究中（叶霞飞和蔡蔚，2002；蒋礼仁和李宗平，2010）。同国外研究情况相似，国内关于基础设施建设外部性的融资的研究是主流，而对于地块发展权空间管制对应的融资的研究则非常匮乏。

大量的中文文献还对不同国家和地区经验予以引介，包括英国（张俊，2005；惠彦和陈雯，2008）、美国（胡静，2007；张俊，2008）、中国台湾（谭峻，2001；张占录，2009）、中国香港（田莉，2004；戴双兴，2009）等，以及对一些国家和地区之间融资经验的比较（张娟锋和贾生华，2007；周明祥和田莉，2008；高洁和廖长林，2011）。

除土地增值价值捕获的融资方式外，国内关于土地减值补偿的研究基本上都关注于农地征收，而在保护地空间管制的补偿基本处于空白。对于农地征收补偿的研究主要集中在农地征收后农民该分享多少，如何分享土地收益，基本分为三类：①主张完全补偿，即按照征地后土地用途所产生的全部收益都归农民所有（赵宁，2011）；②主张增值收益应该在国家、集体、农民之间合理平衡，并且应考虑到我国特殊的城乡二元结构，对于失地农民的生存和生活给予足够保障（郑美燕，2010）；③主张农地的发展权应该归国家所有，收回之后再由国家进行公平合理的分配（陈柏峰，2012）。

2. 土地发展权是融资方式相关研究中最流行的理论基点

由上述可知，农地征收补偿是保护地融资中土地价值受损方面最主要的研究内容，2013 年十八届三中全会做出"一体两翼"的战略部署,包括建立兼顾国家、集体、个人的土地增值收益分配机制,改进集体经营性建设用地产权流转和集体土地征收补偿安置两个领域中的分配和补偿机制。在应对改革中的诸多问题时,作为舶来品的"土地发展权"概念被视作融资方式的法律载体,为"一体两翼"改革提供法理基础,近几年出现了大量关于"土地发展权"的研究,主要分为三个方面。

1)土地发展权定义。从土地所有者从事活动来看,土地发展权可以是对土地在利用上进行再发展的权利(胡兰玲,2002),具体包括两类:①土地变更为不同使用性质的权利(侯华丽和杜舰,2005),特别是农用地转用(王小映,2002);②既包括变更土地用途,也包括改变土地开发强度(王万茂和臧俊梅,2006)。从土地发展权带来的收益归属来看,土地发展权是改变土地用途并借此获得相关收益的权利(程雪阳,2014)。从中国语境出发,土地发展权是指占补平衡指标(陈银蓉和梅昀,2015)、折抵指标有偿调剂(汪晖和陶然,2009)和增减挂钩指标(谭明智,2014)。与空间规划相结合的方面,最具有代表性的论点是林坚等提出的中国两级土地发展权结构(林坚和许超诣,2014;林坚等,2015)。

2)土地发展权来源。其有两种截然对立的观点:①土地发展权源自土地所有权,即土地发展权的自然产生论,强调开发利用土地的权利从来都是土地所有权的一部分,在时间和价值上都优先于土地管理制度,这一观点的支持者有万磊(2005)、程雪阳(2014)等;②土地发展权源自空间管制,是土地发展权制度产生论,强调在国家开始管制土地用途之前无土地发展权这一概念,只有不受拘束的利用自由,之后作为一种观念和制度的土地发展权才因国家管制而产生,这一观点的支持者有陈柏峰(2012)、刘国臻(2008)等。

3)土地发展权归属。其大致可以分为三类:①归公论者认为土地发展权应该国有,无论是从法理上外力增值归公,还是现有制度中土地增值收益国有,都可以看出土地发展权应该国有,这一观点以周诚(2006)、陈柏峰(2012)为代表;②归私论者认为国家不合理地将土地发展权从集体土地"产权束"中剥离出来，应将土地发展权还给集体，这一观点以周其仁（2006）、程雪阳（2014）为代表；③公私兼顾论者认为归公论和归私论二者殊途同归，只是路径差异（朱一中和曹裕，2012）。

虽然近年来土地发展权出现研究热潮，但是研究存在诸多问题，上述三个方面都存在对土地发展权的理解和认识的差异，如土地发展权到底是权利（rights）还是利益（interests），抑或两者兼具？又如土地增值贡献者、土地发展权所有者和土地增值受益者一定是同一个主体吗？诸如此类问题都尚待研究。

3. 保护地融资多以生态补偿为主，但补偿的对象与主体并不明确

我国的保护地融资基本上都被涵盖在了生态补偿的研究内容中，主要分为以下三个方面。

1）生态补偿的概念。在诸多探讨生态补偿定义的研究中，被引用最多的是毛显强等（2002）提出的"生态补偿是通过对损害（或保护）资源环境的行为进行收费（或补偿），提高该行为的成本（或收益），从而激励损害（或保护）行为的主体减少（或增加）因其行为带来的外部不经济性（或外部经济性），达到保护资源的目的"。这个定义非常全面地概括了中国现行生态补偿政策的内容和机制，但需要注意的是，中国现行生态补偿政策本身在政策意图方面具有模糊性，因此生态补偿可能已经偏离了最初的概念内涵，具有多重社会功用。

2）生态补偿的理论。一般认为生态环境是一种公共物品，任何人都有使用权，且都不需要付出成本，因此会导致生态恶化与环境污染，酿成"公地悲剧"，因此生态补偿领域最常提及的理论之一是"公共物品理论"（谢维光和陈雄，2008；李文华和刘某承，2010）。除此之外，生态系统服务价值理论是生态补偿的另一个重要理论基础，许多学者对生态系统服务价值进行了量化探索性研究，如 Ouyang 等（2016）对中国陆地生态系统服务功能及其生态经济价值进行了初步研究。基于两种不同的理论，有两种较为常用的生态补偿价值测算方

法，即机会成本法和生态价值法，前者的思路是假设没有生态保护管制，土地最佳用途的价值；后者是对各类自然资源生态价值的加总。

3）生态补偿的类型。国内学者对不同类型的自然资源进行了较为详尽的研究，包括森林生态补偿机制（李文华等，2006）、流域生态补偿机制（张惠远和刘桂环，2006）、主体功能区生态补偿机制（孟召宜等，2008）、草地生态系统生态补偿机制（戴其文和赵雪雁，2010）。其中与本书最相关的是自然保护区生态补偿机制的研究（甄霖等，2006；闵庆文等，2007；陈传明，2011）。

总体来说，虽然近期生态补偿的研究非常热门，但已有研究中还有许多关键性问题尚未阐述清楚，如生态补偿的主体和对象非常模糊，换句话说，生态补偿全部需要国家负担吗？生态补偿的法理基础是什么？现有生态补偿真的落实了"生态的补偿"吗？诸如此类问题都需进一步讨论。

1.3.3　研究视角与研究问题

综上所述，国内外关于保护地融资的研究呈现以下特点。

首先，"重增值分配、轻减值补偿"是国内外研究的普遍状况。国外关于融资的研究主要依托于"土地增值价值捕获"理论框架，国外大量的经验总结、制度对比与国内的经验介绍都集中在基础设施投资的正外部性价值捕获，对于空间管制带来的土地价值变化的研究都处于相当的弱势，至于土地减值的补偿，聚焦在保护地融资的研究更可谓是少之又少，因此本书将在理论上对这一长期被忽视的领域进行更为详细深入的研究。

其次，在现实情况下，保护地融资的负担补偿并不对称。融资公平原则指的是受益者负担，受损者得到补偿的原则。但是我国负担和补偿并不对称，具体来看，当土地的利用用途和开发强度得到改善而带来土地增值时，土地所有者需要为其支付更多的开发权费用；但是当土地周边基础设施改善而带来土地增值时，如新建了公园、地铁等，目前并没有要求捕获周边受益的土地权利人的部分收益。这就是受益者负担原则的不对称。更不对称的是受损者补偿，空间管制对开发权的限制带来的土地减值以及空间管制的负外部性带来的土地减值，都没有实施补偿。这就产生了一个疑问，保护地空间管制是否真的需要补偿？其法理基础是什么？按照负担补偿的公平原则，保护地空间管制是否还有特别受益者，是否需要承担额外的融资资金？保护地内部是否也存在土地收益不均的现象，是否需要融资？

最后，中国保护地融资的研究尚未形成体系，首先缺少严谨且完整的理论框架，各个领域的学者都从自身的学科特点出发，在少数交叉点位偶尔涉及保护地的融资问题，但基本处于零散的研究状态。再具体到细节问题，更是缺少理论和实证研究，如生态补偿的主体和对象是谁？保护地空间管制的外部性边界在哪里？保护地内部的利益如何均衡？诸如此类问题，本书都将进行详细讨论。

基于此，本书对保护地融资进行剖析，试图回答以下问题：①中国保护地融资的法理基础是什么？即为什么保护地空间管制需要补偿？谁来补偿？如何补偿？②在不同情况下，中国保护地空间管制利益方式有哪些？这些方式实施的交易成本如何？实施效果如何？

1.4　本书研究的主要内容

基于上述研究问题，本书的主要内容包括：①保护地融资的国际经验；②保护地融资的理论框架；③三层融资的方式及其交易成本比较。

本书一共分为七章，各章的主要内容如下：

第 1 章，引言。介绍相关背景、研究进展综述、理论基点。

第 2 章，国际保护地融资的政策工具。分别介绍了保护地空间管制、涉及土地权属、涉及土地税费和涉及土地重划政策工具，并从公平性和有效性两方面对比了其中适用于保护地融资的政策工具。

第 3 章，保护地融资的理论框架。回答了保护地空间管制导致土地价值受损为何需要补偿、由谁来补偿、如何补偿三个核心问题，基于此，架构了保护地三层融资的理论框架，以及各层级融资的主体和对象。

第4章，保护地空间管制的第一层融资。梳理了具有多重功能的生态补偿政策（空间管制的补偿、生态工程的支出、激励机制的奖金和扶贫的转移支付）和多种形式的生态移民政策（不同搬迁方式、安置方式和搬迁距离）。以三江源国家公园为例，剖析了各类的融资政策和实施成效，并比较了生态补偿政策与生态移民政策的交易成本。

第5章，保护地空间管制的第二层融资。比较了四类适用于第二层融资机制［在土地"招拍挂"出让阶段获取"土地出让金"、土地出让合同变更时补交"土地出让金"、土地（不动产）交易阶段获取"契税"和土地（不动产）保有阶段的房地产税］的交易成本。以西湖文化景观遗产为例，提出第二层融资确定主体，即保护地空间管制外部性范围的方法，并估算各类融资的效度。

第6章，保护地空间管制的第三层融资。明确了第三层融资的主体和对象后，提出第三层融资的难点是确定融资方式。通过对利维坦、私有化、自组织和政府参与型自组织四种资源治理方式在融资方式、交易成本和适用条件三方面的比较，提出了适用于集权式、落后地区的保护地管理方式。以九寨沟国家级风景名胜区为例，评估了政府参与型自组织管理模式用于融资的公平性和效率性。

第7章，结论与展望。总结本书主要研究成果，分析本书研究和分析的局限性，并提出进一步研究的方向。

1.5　本书研究的理论基点

保护地空间管制导致土地利益变化，融资的目的是实现负担与补偿的公平和效率。公平和效率是社会科学探讨的基本问题，即使在现实中实施性不强，但理论上的概述有利于建立保护地融资的规范性目标。融资公平和效率的探讨，需要回溯历史上对于土地利益分配的不同见解，因此分别从公平和效率两方面回顾了关于土地利益分配的经典理论。

1.5.1　关于公平的理论基点

随着工业革命在全球范围蔓延，城市发生巨大改变，自由的市场经济经常出现市场失灵的问题，诸如城市环境恶化、卫生状况糟糕，引发了对市场经济的反思。其中，古典自由主义政治经济学家约翰·穆勒提出的正义分配是非常重要的思想，也就是在资本主义生产方式的背景下，关注社会公平。基于对底层和弱势人民的关怀与同情，他认为政府需要重视社会财富分配的公平性（郭莉，2002）。

约翰·穆勒的思想主要体现在其 1848 年所著的《政治经济学原理及其在社会哲学上的若干应用》，其在书中提出"凡是不以自己的努力而获得的收获都应该被限制"，这个思想也体现在地租方面的"社会公平"。土地私有可能带来极大的社会不公平性，拥有土地的阶级，因为享受了经济进步带来的土地增值越来越富有，而租赁土地的普通劳动者却因租金增加而生活成本上升（穆勒，1991）。解决的办法是对土地因外力增长的价值加以特别税①。当然，难点是如何区分社会经济整体进步导致的外力增值与所有者劳动或技术投入造成的自力增值，约翰·穆勒的解决方案是对全国所有土地进行估价，并作为免税的基本价值，对之后的地租上涨课税。为避免挫伤土地所有者的劳动积极性，税收额度应该大大低于估计地租增加额度。关于土地税的性质，约翰·穆勒认为这是为公众利益收取的一种租费，且应该归国家所有。

约翰·穆勒的思想对现代各国的土地税收制度有重要的影响，首

---

①　穆勒的书中说道：假设有一种收入，其所有者不花任何力气，也不做任何牺牲，就会不断增长；拥有这种收入的人构成社会阶级，他们采取完全消极被动的态度，听凭事情自然发展，就会变得愈来愈富有。在这种情况下，国家没收这种收入的全部增长额或一部分增长额，绝不违反私有财产赖以建立的那些原则。这当然不是说把人们的所有财产都没收，而仅仅是没收由于事情的自然发展而增加的财富，用它来造福于社会，而不是听凭它成为某一阶级不劳而获的财富。

次提出了回收土地增值收益归公的正当性和公平性。这个思想后来受到亨利·乔治追捧，他在《进步与贫困》论著中提出，技术发展和社会进步所带来的全部收益都被地主收取地租而获得是导致社会不公的根源（乔治，2010）。他主张实行"单一土地税"，对土地按照评估的价值收税，国家回收土地的全部自然增值收益，由于土地税数额庞大，足够政府的全部财政需要，无须再征收其他税种。然而单一土地税的问题仍然在于社会共同努力和土地所有者的个人努力无法区分开。

马克思也对土地私有制下土地利益分配的生产关系进行了彻底批判，其提出地租理论，认为土地全民所有，土地增值也应该由全民共享。同时马克思在《资本论》中也探讨了土地收益分配，绝对地租是土地所有权的经济体现，理应由土地所有者拥有；而城市土地的级差地租主要由土地区位差异造成，区位差异则是由土地使用者的投资和社会经济发展带来的区位变化综合形成的，因此，级差地租Ⅰ和级差地租Ⅱ都应以一定比例在土地使用者和社会之间进行分配。20 世纪的西方新马克思主义学者将马克思对资本再生产的理论引入城市空间领域，批判城市空间不平等背后的资本逻辑。他们认为空间的资本再生产加剧了社会的不平等（Lefebvre and Nicholson-Smith，1991），分为两个方面：其一，土地投资引起投机行为，推高土地价格并产生房地产泡沫，带来社会公平问题；其二，开发商的投机行为，导致土地低效利用。要抑制土地投机，减少土地泡沫，就要改变资本对空间的异化，促使土地价值回归原本的日常生活使用价值（傅十和，1999）。

1.5.2 关于效率的理论基点

效率对成本和收益双向考虑，是经济学中最为传统的概念。本书采用的关于效率的理论是从福利经济学到新制度经济学延续下来的关于整体收益与交易成本的研究范式。

福利经济学的哲学基础是功利主义，用社会整体满意大小来评价制度"好坏"的标准，社会福利也因此被定义为"各个人的福利的总和，一个人的福利是他所感到的满足的总和"（李特尔，2014）。福利经济学更多地关注经济的福利，即可以用货币度量的部分。福利经济学有两个取向：国民的总收入和社会成员之间的分配，也就是说，国民的总收入越大，国民收入分配越均等化，社会经济福利越大。要促进两个取向的增加，首要解决的是外部性引起的资源配置市场失灵问题。因此外部性是整个福利经济学的核心，帕累托最优是目标。也是连接之后新制度经济学的纽带。解决外部性就需要政府干预，在边际效用递减的原则下，同样数量的福利对于低收入者有更高的效用。因此需要通过税收等方式将高收入者的收入分享给低收入者，以增加社会整体福利（庇古，2009）。

在土地利益分配的问题上，福利经济学追求最大化社会整体福利，所以土地增值的收益不应由土地所有者完全获得，因为土地增值可被看作一种外部性，如果完全由土地所有者获得，相当于其没有付出相应的社会成本却获得了大量的收益，本质上可以认为是一种"搭便车"的行为，会造成"市场失灵"，对社会的整体福利是有损害的。因此，需要对外部性进行处理，通过一定手段将外部效应内部化，从而改善社会的整体福利。

新制度经济学的核心就是交易成本，最早由科斯在 1937 年提出。科斯认为，在交易费用为零的情况下，不管权利如何进行初始配置，当事人之间的谈判都会导致资源配置的帕累托最优。土地用途的管制可被看作对私有财产权利的限制，即地块开发强度的限制可被认为是政府对社会所能接受的外部性大小的一个决定。如图 1.3 所示，土地的开发强度在规划中被限制为 q_0，表示社会可以承受 e_0 的外部性。对于开发商来说，如果他开发到 q_0 强度所带来的收益 z_0 大于 e_0，他就有动机付出一定成本说服政府改变开发强度的限制。对于政府或社会来说，他们所能接受的最大强度为 q_1，超过 q_1 之后，开发商所能支付的补偿将不足以平衡其所带来的外部性。政府制定的开发强度与他们的议价资本相关。例如，当政府制定的开发强度为 q_0 时，他们在协商时有更多的权利要求开发者付费。而当政府制定的开发强度为 q_2 时，则说明政府愿意为了经济发展所带来的其他利益支付非常高的社会成本（Webster，1998）。

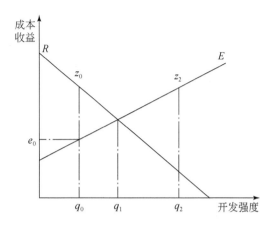

图 1.3　土地开发与交易成本理论

综上所述，本书将基于公平和效率的视角，纵观保护地融资的理论原则与实施过程，具体来说，公平用来识别融资的主体和对象，效率用来比较评估融资方式的优劣。

| 第 2 章 |　　国际保护地融资的政策工具

2.1　保护地空间管制的国际经验

　　自 19 世纪 70 年代美国国家公园运动开始，全球保护地数量和规模不断扩大。在 70 年代之前，保护地多数位于发达国家；在近 30 年中，保护地的规模呈指数级增长（UNESCO，2015），特别是在生物多样性高的发展中国家，如位于非洲的肯尼亚已经建立了 52 个保护地，约占陆地动植物保护总面积的 8%（Jones，2005）。现在全球保护地涵盖了最重要的生态系统和栖息地，包括湿地、热带草原、森林、山区等。为更好地保护自然与文化遗产资源，空间管制被广泛应用于保护地，保证了最敏感、最有生态价值和最可能恢复的地区远离人类活动和开发建设行为的影响。随着保护地理念的全球扩散，保护地的核心任务已经不仅仅是对生物多样性的保护，还拥有帮助减少贫困、缓解冲突并保护土著文化等多重目标。目前大多数公园都允许原住民最低限度地使用边界范围内的资源。然而，随之而来的问题是如何平衡自然保护与发展目标之间的矛盾，这往往涉及在保护地边界内争夺越来越有价值的资源（IUCN，2013）。

　　越来越多的自然保护主义者把空间管制作为解决发展与保护相协调的工具。空间管制可以改善特定地区不相容的土地利用，同时允许可持续的资源开发，并使当地社区受益。尽管空间管制规则有所不同，但其宗旨都是确定哪些资源将被提取或保存，以及谁能获取权限并利用这些区域。

　　早期空间管制被用于城市的建成环境中，将空间管制应用于保护地是极具挑战性的。保护地空间管制是考虑到自然和文化资源管理、游客使用体验、设施维护、开发运营等方面，在保护区划分不同区域，通过区划管理，建立保护区内开发与保护的制度（Day，2002）。空间管制有助于减少或排除保护地内部不同土地用途之间的冲突，提升保护的效果。空间管制反映了土地利用的现状模式、使用程度、管理水平和发展预期。空间管制也改善了土地利用不兼容的问题，确定了人类活动的水平和强度，以及需要保护或允许持续开发利用的资源位置和权利归属，这些都有利于当地社区发展（Eagles et al.，2002）。

空间管制的目标是通过简单易行的方法寻求保护和利用之间的平衡，促进最大化的社会效益。通过分区确定不同区域管制强度和开发限制，如划定生物多样性最为丰富、物种栖息地受威胁最为严重和科研封闭等区域为核心保护区，并与观鸟、狩猎和滑水等娱乐活动相互隔离（Eagles，2014）。保护地空间管制要协调资源保护、土地开发、旅游游憩之间的矛盾，并通过制定详细的空间管制规则指导分区管理（Eagles et al.，2002）。如果空间管制规则过于复杂，利益相关者可能难以判断自己的土地是否可以开发，导致空间管制难以执行；保护地空间管制也可能导致部分原住民权利受损，而另一部分原住民获得额外收益（Jacobs，1998）。

2.1.1 国际保护地空间管制分类

保护地空间管制目标是调查具有重要突出遗产价值和可供游憩娱乐的资源类型，建立遗产资源清单，通过与保护地内的利益相关者（经营者、参观者和原住民等）协商，确定保护的区域、内容，并提出所需的配套实施，具体分为以下五个方面（Geneletti，2008）：①根据科学数据区分保护地的严格保护和可持续利用的区域；②明确重点区域的管理行动计划；③帮助管理人员、运营人员、游客和原住民认识保护地的价值所在；④确定可接受的人类影响标准，控制不良影响的蔓延；⑤合理布局保护地内和周围娱乐旅游设施的分布。

保护地空间管制的重点在于划分不同管制需要的区域，各个国家保护地分区类别和方式都不尽相同。空间管制分区多数情况下与行政区划不重叠，但在许多情况下可能会有所不同。空间管制分区内的各项活动都会有较为详尽的管制规则，部分区域可能需要加强管理，而其他区域可能很少需要加强管理（Geneletti and van Duren，2008）。由于空间保护地的空间边界很可能与行政区划不一致，基于行政区划会有相应的保护地空间管制（表2.1）。

表 2.1　基于行政区划的保护地空间管制

分区类型	目标	方法
国家行政分区	维护区域内的环境，促进区域和国家在保护方面的合作与协调	与区域和国家土地使用与规划机构协调管理工作
国际行政分区	维护国际范围内的环境，促进国际保护合作与协调	与国际公约、协议和组织相协调（如 IUCN、UNESCO、《生物多样性公约》、国际重要湿地公约等）
约定俗成的分区	没有明确的边界。提高对保护和保护区的认识与支持	推广、广告、公园推广计划、公园网站

保护地内部最常见的分区方式是核心区、缓冲区和利用区（Goldberg et al.，1980）：①核心区。核心区一般是遗产保护价值较高，容易受到干扰，并且只能容许最低限度的人类活动的区域。核心区将被实施最高级别的保护，不允许对自然本底有干扰的开发利用。空间管制的第一步通常就是划定核心区。②缓冲区。在核心区外围通常设置缓冲区，只允许进行较低环境影响研究、环境教育和娱乐活动。缓冲区是为了保护核心区不受侵犯，并控制可能影响核心区生态系统的任何活动。③利用区。在缓冲区外围（或近邻），具有特殊保护价值且允许适当人类活动的场所可以划为利用区，并结合实际情况将保护地的边界尽可能扩大，包括尽可能多的栖息地。利用区内必须确定人类活动的类型（水上运动、休闲钓鱼、商业捕鱼、研究、教育和特殊保护区）、位置和范围。

除此之外，根据特殊情况，还可能有如下分区（Goldberg et al.，1980）：①绝对保护区，是原始的或几乎原始的区域，未受到任何人类影响，仅限于观察和监测的研究活动。②生态系统保护恢复区，该地区生态系统有一定程度的变化，需要减少人为活动对环境的影响。③低影响区，基本功能是隔离或屏蔽严重影响人类生态系统的保护和恢复区。④多用途区，允许许多活动，如钓鱼、旅游、科研、保护、导航和演习。⑤有限使用区，该地区的使用受到额外限制，以保护非常重要且敏感的环境、生态和资源。⑥半密集地带，该地区允许旅游活动，但并不包括在保护地的主要游客路线中。⑦特殊用途区，它们位于需要特定分区控制和管理的区域，如港口设施。该地区允许的活动取决于具体的活动性质和管理需求。⑧开采区，是划为特定用途的区域，用来开采特定自然资源，但是会限制该地区提取的资源类型和数量。

2.1.2 保护地空间管制国别比较

以自然保护为单一目标的空间管制基本上都采用 IUCN 提出的三圈层同心圆模式，即核心区、缓冲区和利用区。由于人地关系和管理目标的差异，各国的保护地分区模式也有差异。根据管制强度的差异，保护地分区可以归纳为核心保护区、重要保护区、限制性利用区和利用区四类，保护程度逐渐降低，可利用性依次增强（Gunton and Day，2003）。一般情况下，核心保护区管制规则极为严格，几乎不允许开展任何形式的开发建设活动。核心保护区一般包括濒危或珍稀野生动植物的栖息地、重要且脆弱的生态系统和代表性自然资源样本区域。重要保护区多数情况是核心保护区的缓冲空间，有助于维护生态系统和景观要素的完整性。在管制规则方面，重要保护区内允许开展少量的游憩活动和对自然影响较小的建设活动，设置观景台和步行道等基本服务设施。限制性利用区通常景色优美且游憩类型多样，游客数量也较多，但旅游开发不能改变原有自然特征、地形地貌和景观风貌。利用区通常占保护地面积较小的部分，主要是为了满足保护地管理需要。

根据上述保护地分区及管理要求上的差别，对各个国家原有分区类型再归类，见表2.2。

表 2.2　保护地空间管制的国别比较

国家	核心保护区	重要保护区	限制性利用区	利用区
加拿大	I特别保护区：不允许公众进入。只允许经严格控制下允许的非机动交通工具进入	II荒野区：允许非机动交通工具进入。允许对资源保护有利的体验性的少量以及简易的露营活动。允许原始的住宿设施，带有电力设备的住宿设施	III自然环境区：允许非机动交通工具以及严格控制下的少量的机动交通工具进入。允许低密度的游憩活动和小体量的，与周边环境协调的供游客和操作者使用的住宿设施以及半原始的露营	IV户外休闲区：户外游憩体验的集中区，允许有设施和少量对大自然景观的改变。可使用基本服务类别的露营设备以及小型分散的住宿设施。V区公园服务区：允许机动交通工具进入。设有公园管理机构。根据游憩需求安排服务设施
美国	I原始自然保护区：无开发，人车不能进入	II特殊自然保护区：维持风景不受破坏，允许游人进入，无其他接待设施		III游憩区：设有简易的接待设施，餐饮设施、休闲设施。公共交通和游客中心。IV特别使用区：单独开辟出来进行采矿或砍伐木利用的区域
日本	I特级保护区（I类）：维持风景不受破坏，允许游人进入、有步行道和相当地居民	II特别地区（I类）：在特级保护区之外，尽可能维持风景完整性，有步行道和露营地	III特别地区（II类）：有较多游憩活动，需要调整整体农业产业结构的地区，有机动车道	IV特别地区（III类）：对自然资源基本无影响的区域，集中建设游憩接待场所。V普通区：为当地居民提供的设施
韩国	I自然保存区：允许学术研究；军事、通信、水源保护等在此设置不可逾越的最基本设施；恢复、扩建寺院		II自然环境区：不集中建设公园设施，以不改变原有土地类型为原则，允许公众进入	III居住区：分为自然居住区和密集居住区。III居住区：居民建筑；不污染环境的家庭工业、居民建筑；设有医院、美容院、药店等为居民提供服务的设施。IV公园服务区：集中建设区域，商业和住宿设施

2.1.3　典型保护地空间管制案例

（1）加拿大保护地空间管制

加拿大保护地在生物多样性和具有代表性的自然景观的保护与修复方面发挥了至关重要的作用，它们还为教育、娱乐和旅游业提供了机会。目前，加拿大拥有44个保护地（国家公园和自然保护区），年均接待游客量1270万人次（Parks Canada，2013）。虽然加拿大的第一个保护地最初是为了推进落基山脉的旅游开发而建立的，但在之后的过程中，加拿大保护地更加重视生态系统保护和人类利用（Searle，2000）。保护地之间的旅游和开发强度差异很大，班夫国家公园每年有300多万游客（Prior，2010），而北极的几个国家公园，地处偏远且交通不便，因此游客很少。

加拿大保护地体系受《加拿大国家公园法》的约束，由加拿大公园管理局管理。该法第11条第（1）款要求每个保护地制定并定期更新空间管制规划，并在保护地成立五年内提交下议院（Wright and Rollins，2009）。空间管制规划是执行加拿大公园管理局的政策和指导每个保护地管理的主要工具，制定了关于公园资源和人们使用的主要决策。

加拿大国家公园管理局建立了全国陆域保护地空间管制框架，要求保护地管理者将每个保护地根据人类活动强度等级划分为五个区域（表2.3）。这个空间管制框架为指导保护地内的资源管理和游客使用活动（包括旅游）提供指导与建议，同时平衡保护优先与人类使用之间的矛盾（Wright and Rollins，2009）。

表2.3　加拿大保护地空间管制分区

区域名称	目的	资源保护	公众机会
Ⅰ特别保护区	包含或支持独特的、受到威胁或濒危的自然或文化遗产，或者是具有代表性的自然区域	严格的资源保护	通常不允许进入；严格控制非机动车通道

区域名称	目的	资源保护	公众机会
Ⅱ 荒野区	具有较好代表性的自然区域，并能在荒野状态下得到保护	鼓励以最少的管理干预生态系统	非机动交通工具可以进入内部；符合资源保护的少量游憩；原始露营
Ⅲ 自然环境区	作为自然环境进行管理，为游客提供机会参与户外休闲活动，认识保护地的自然和文化遗产价值，并提供最低限度的服务和质朴的设施	以保护自然环境为目标	在允许的情况下，机动通道受到控制；半原始的露营；偏简陋的带屋顶固定房屋住宿
Ⅳ 户外休闲区	能够为理解、认同并享受保护地的价值观提供充分机会，也能接受相关的必要服务及设施，同时最低程度影响公园的生态整体性的限制区	尽量减少活动和设施对自然景观的影响	在自然景观中的室外机会或由设施开发和景观改变所支持的室外机会；服务露营设施；小型住宿设施
Ⅴ 公园服务区	包含游客服务和辅助设施集中的社区；主要的公园运作和行政职能	强调国家公园的生态与价值，设计和运营服务及园区管理功能	游客中心；公园管理办公室

（2）澳大利亚波特里国家公园空间管制

澳大利亚波特里国家公园（Booderee National Park）空间管制始于 2002 年，旨在规范国家公园的适度开发利用、保护自然和文化遗产价值。波特里国家公园分为五个主要分区（特殊用途区、庇护区、海洋栖息地保护区、淡水栖息地保护区和一般性保护区）和若干亚区。

特殊用途区（鲍恩岛）：鲍恩岛特殊用途区包括整个岛屿和岛屿西侧平均高潮标记 30m 范围内的水域。该区域旨在保护筑巢海鸟及其栖息地免受干扰。鲍恩岛及其西侧 30m 内的水域都禁止公众进入。

庇护区（鲍恩岛海洋地区）：鲍恩岛西侧平均高潮标记 30～100m 的水域。该区域禁止公众进入，禁止捕鱼和收集海洋生物；除科学研究许可外，禁止私人船只进入，禁止锚泊；除商业许可外，商业经营者不允许在该区域内游泳、浮潜和潜水。

海洋栖息地保护区：栖息地保护区用于保护敏感、珍稀且濒危的栖息地和海洋（沿海地区）生物，包括除鲍恩岛特殊用途区和庇护区之外的所有保护地海洋区域。禁止捕捞贝类和海洋植物；禁止使用猎枪；禁止喷水、滑水和停泊。在鲍恩岛以西 100～200m 的区域内，平均退潮深度不超过 10m（紧靠海草草甸边缘和一些重要的藻类群落）内不允许有锚固。

淡水栖息地保护区：保护淡水水生生物和珍稀濒危物种的栖息地，包括莫里斯湿地、黑水沼泽和恩斯沼泽。除科学研究或管理目的外，不得从该区域采集植物或动物。

一般性保护区：该区域包括保护地内的大部分陆地区域，其中首要任务是自然保护、合理使用和休闲游憩。该区域提供适度的、低影响的娱乐用途和基础设施开发。该区域允许的公共活动包括步行、骑自行车和野餐，但禁止露营，商业活动只能按照国家公园颁发的许可证进行。

（3）美国约塞米蒂国家公园空间管制

约塞米蒂国家公园（Yosemite National Park），位于美国西部加利福尼亚州，占地面积约 1100mi²[①]。位于内华达山脉西麓，峡谷内有默塞德河流过。跨地中海气候与高原山地气候两带，植被类型主要包括亚热带针叶林。1984 年被列入联合国教育、科学及文化组织《世界遗产名录》。

根据管理目标、资源特质和立法约束的差异，约塞米蒂国家公园共分为 4 个区域。空间管制规则详细限定了整个规划周期内各区域的土地使用政策。由于优质的自然资源和文化遗产点可能同处于一个区域，空间管制分区有时会重叠。

自然区（natural zone），包括：①荒野区（wilderness subzone）。政府划定的荒野地区和其他具有荒野特质的土地应该被划入这个区域。该分区更多地反映自然系统的演进过程，只允许最低限度的公众进入和活动影响。②环境保护区（environmental protection subzone）。该分

---

① 1mi＝1609.344m。

区主要用于科学研究，不允许有任何可能干扰此用途的管理行为。③自然风景区（natural feature subzone）。该分区包含具有突出重要意义的自然景观（但不包括荒野地区），并为人们的活动提供最大程度的保护。④自然环境区（natural environment subzone）。该分区允许小规模的道路建设和野餐。

文化区（cultural zone），包括：①历史遗迹（historical subzone）。该分区由建筑和重要的文化资源组成。管理重点是保存这些资源，除非引起不可接受的自然资源或过程改变。②考古发掘区（archeological subzone）。该分区由考古区组成，并覆盖其他几个区域，管理重点是保护该分区内的考古资源。

发展区（development zone）。该分区包含游客使用和公园运营所需的设施，尽可能少的占用国家公园。

特殊用途区（special-use zone）。该分区主要是水库。

除此之外，对于重要的旅游节点，会有更为详尽的空间管制规划，如约塞米蒂村（Yosemite Valley）被进行重新设计，将解说服务和商业服务分开。村庄西部将保留管理办公室、约塞米蒂人的博物馆、自然历史博物馆和贝斯特的工作室。商业和零售用途的建筑主要是对旧建筑的改造，并且仅提供最基础的服务，如食品杂货销售、食品服务、有限的邮政服务、基本的银行服务等。

2.2 涉及土地权属的融资政策工具

涉及土地权属的融资政策工具是嵌入到国家总体土地政策制度中的，受到更广泛的理性和意识形态的约束。支持者认为这些制度可以比市场提供更好的土地发展政策。理论上有四种类型的土地政策制度具有融资效力。本书按照对土地产权管制的程度的区别总结了如表2.4所示的四种涉及土地权属的融资政策工具。

表 2.4　涉及土地权属的融资政策工具比较

政策工具	所有权	使用权	土地价值捕获形式	如何用于保护地
土地征收（land requisition）	国有化	国有化	—	保护地土地征收
长期公共租赁（public leasehold system）	国有化	私人所有	土地租金	保护地土地长租
土地发展权转移（transfer of land development right，TDR）	私人所有	私人所有	发展权购买或转移时兑现	购买保护地发展权
土地发展权购买（purchase of land development right，PDR）				

2.2.1　土地征收

　　土地征收是一种社会公共权力，用以垄断公共强制力资源，以抑制因个体任性而阻碍社会公共利益的实现，许多国家的政府都是把土地征收当作政府生来固有的权力来接受和行使的。美国国家公园内的土地已经通过强制征收（subdivision exactions）（部分是私人馈赠）实现了国有化，其他大部分国家的土地权属是多样的，其中英国、日本很大一部分国家公园都是私有土地，德国大部分国家公园是州政府土地和私有土地（表2.5）。土地征收在保护地空间管制中应用非常广泛。

表 2.5　各国土地征收融资范围、形式和程序

国家	融资的范围	融资的形式	融资的程序
德国	1）"权利损失"：征收土地或其他征收标的物的价值损失（即实际损失）。 2）"其他财产的结果损失"：营业损失、因分割造成不动产价值降低、迁徙费、必要的法律咨询费、权利维护费等，但间接的后果损失不包含在内。 3）"困苦补助"，为避免征收措施影响人民生活状况而导致的经济损失的补偿	货币或实物	1）事业的认定； 2）应征土地的确定； 3）补偿金的确定； 4）征收的完成

续表

国家	融资的范围	融资的形式	融资的程序
法国	1）"直接损失"：和公用征收之间有直接的因果关系的损失。 2）"物质损失"：因征收而丧失的不动产所有权和其他权利本身的价值。 3）"确定损失"：已发生或将来一定发生的损失	货币或房屋	1）行政阶段：一是关于审查公用征收农村土地目的合法性和合理性；二是确定可以转让的不动产。 2）司法阶段：一是农村土地所有权的转移问题；二是农村土地补偿金的确定问题
英国	1）土地市场价格。 2）残余地的分割或损害赔偿，其标准为市场的贬值价格。 3）租赁权损失补偿，其标准为契约未到期的价值及因征收而引起的损害。 4）迁徙费、经营损失等的补偿。 5）其他必要费用指出的补偿	货币或房屋	1）土地征收通知异议申请； 2）土地法庭裁决
美国	1）财产的现有价值。 2）财产未来盈利的折扣价值。 3）其他经济损失价值	货币或实物	——
日本	1）财产损失补偿：财产权的客观价值，用一般的交易价格来算定。 2）事业损失补偿：被收用财产的相关事业的执行过程中产生的损失，主要包括残余土地补偿、工事费用补偿、迁徙费补偿、物件补偿，其他所受损失补偿等	货币、实物、工事代行补偿、代替地补偿、耕地造成补偿、宅基地造成补偿和迁移代行补偿	1）举办事业的准备； 2）举办事业的认定； 3）土地的限定； 4）征收协议； 5）补偿金的裁决； 6）补偿金的给付与征收的完成

土地征收的主要问题是对于政府投入资金的高度依赖，因此对于土地开发价值较低的区域进行征收是可行的，但对于开发价值较高的区域，如城市内部或者城市近郊区域，土地征收的难度非常大。

2.2.2 长期公共租赁

长期公共租赁不像以土地征收为代表的国有化方式那么激进，通过政府租赁制度取代了永久的私人产权，一定程度上保证了财产的长期安全（Hong，2003）。租赁条款中一般会有关于政府拥有土地所有权和发展权的条款，因此政府理所当然地获得土地增值收益。在以苏联为首的共产主义国家普遍瓦解后，世界大部分国家或地区都推行了完全的或者准私有化的政策，长期公共租赁替代私有财产的制度基本已被取缔。仅在特定地点或情况下，公共租赁在有限的范围内使用，最为典型的案例是中国香港（Hong，1998；Valenca 和曹丹仪，2016）。

中国香港土地所有制经历了封建所有制、为英国皇室所有制和现行的政府所有制。此后，开始实行政府所有制下的土地公共租赁制度，严格限制土地所有权的转让，只出让土地使用权，通过土地契约将不同期限的土地使用权批租给受让人。土地使用权批租主要采用公开拍卖、招标、私下协议和临时租约四种形式。

土地公共租赁强有力地干预了土地和房屋市场。政府不是将土地永久性出售给个人，而是向开发商租赁多项土地权。在土地契约中，政府规定了向私人开发商发放开发权利的数量、种类和期限（大部分租约为50年）。政府也有权从所有土地开发中收取资金，主要有以下三类相关的土地收入：①租赁收入。政府通过租赁修改、合同续订和年度地租，在土地拍卖之初从承租人处收取资金。②财产税（rates[1]）。房产所有者必须根据房屋估价支付财产税，相当于年度市场租金价值。③物业税。商业地产业主不支付利息，而是依据建筑物的收入缴纳财产税。土地租赁对于从土地和房屋持有人处收回部分土地增值起着最重要的作用。在租赁过程中，政府有四次机会可以获取土地增值收益（Hong，2003）。

（1）公开拍卖并签订租约

政府在向开发商出让土地时（在香港租赁土地最常用的方法是公开拍卖），开发商一次性支付土地溢价。政府在出让土地前，先准备"出让条件"（conditions of sale），包括土地的位置、面积、其他限制

---

① rates 是英联邦国家的术语，用于确定每年到期的财产税金额。收税机制是计算自有物业的"利率"。征费金额根据有关物业的估计价值计算。课税值是物业业主在公开市场上可能合理预期的每年租金。政府每年按照财政需要设定利率水平。

条件（建筑物的使用、高度和设计）、最低价格和缴费方式。政府将"出让条件"公开给所有感兴趣的开发商。根据"出让条件"，私人开发商计算拍卖的租赁价格，并竞标土地使用权。投标人之间的竞争结果决定了向政府租赁土地的溢价。在拍卖结束时，中标的投标人支付10%的保费作为首付，并在30天内一次性支付余款。最初的土地拍卖收取的资金是政府收入的主要来源。通过逐步租赁土地，政府已经实现了与私人开发商分享过去40年来土地价值迅速增长所带来的经济利益。

（2）修改租赁条件

除在公开拍卖中获取土地价值外，政府还可以在开发商修改租赁条件时收取额外的资金。当承租人希望改善或重建房产时，可能需要改变租赁土地"出让条件"中的某些限制。为改变这些条件，承租人必须向地政总署申请租约修改。如果政府批准申请，将要求承租人支付额外的费用。修改保费是根据取消发展限制后土地价值的潜在增长确定的。要求更多资金的原因在于租赁者修改发展限制，即意味着他们要求政府增加其发展权，因此他们必须为新获得的土地权利付费。

（3）更新土地契约

政府还可以在租赁续期时捕获土地增值价值。当不可续租租赁到期时，承租人必须向政府申请延长土地产权期限。租赁到期前的一段时间，能否延长土地契约的不确定性会致使所有权人不愿意花钱维护房地产，为了避免建筑物疏于维护的情况发生，租赁到期20年之前，承租人可以申请补助。如果政府没有打算将该不可续租的土地作为公共场所用地，就会向承租人颁发一个新的"出让条件"。在"出让条件"中，政府可能增加新的条件，如更新建筑契约、公共基础设施的要求，以及向承租人收取重新获得土地权利的额外保费。租金的溢价代表到期日或延期申请日的土地的全部市值。

可续租租赁的续期程序是不同的。在可续租租赁中，政府已授予承租人续租50年的权利，在这些租赁开始后不再收取额外费用。当这些合约续订时，承租人只需支付相当于其物业租金价值的3%作为新租金。

（4）收取年度地租

政府还可以从承租人那里收取年度地租，但是政府并没有依赖这一机制来捕获土地价值。1997 年之前，租金水平与土地或物业的价值没有直接的关系，是象征性的付款，表征政府和承租人之间的房东-租客关系。一旦确立了租金数额，租赁期间保持不变，不随土地和房地产价值的大幅增加而增加。政府在 1997 年改变了这个制度，政府仍从租赁者那里收取了相当于其物业租金价值 3% 的年度地租，但是现在可以在租金重新评估时调整租金水平。

以往的研究显示，香港特别行政区政府在 1970～1991 年平均收取了 20 世纪 70 年代以前土地价值增长的 39%。更重要的是，平均来说，这些获取的价值支撑了香港约 55% 的年度基建投资。结合财产税和税率收取的资金，香港特别行政区政府有能力凭借土地收入资助其年度公共工程支出的 80%（Hong，1998）。由此可见，香港特别行政区政府的土地长期公共租赁方式似乎是有效的——香港特别行政区政府没有从世界银行或其他国际援助机构借钱。其基础设施项目可以由政府土地收入或内部产生的资金提供支持。然而，许多评论家，如 Loh（2010）、Small 和 Derr（1980）认为，香港特别行政区政府在创造公共资金方面的"成功"是以牺牲了香港建设经济适用房的可能为代价的。有意限制土地供应，以便从公开拍卖中收取较高收益，这种捕获土地增值价值的方式是解释房地产价格高低的重要因素。

2.2.3 土地发展权转移

土地发展权转移是指土地所有权人可以将其土地的发展权让渡给其他的受让地块的一种权益转让制度。让渡的发展权在该地块上作废，而可以在受让地块上和受让地块自身已有的发展权相加存在。这样的转移制度源自美国，经过多年的实践和演进，在生态资源保护、土地开发、土地资源配置等多方面发挥了重要的指导作用（胡静，2007）。

土地发展权转移最早来源于美国纽约，19 世纪后半叶，钢铁和电梯在建筑物中被广泛应用，对土地进行竖向开发的技术条件极大提升，与此同时，人口的急剧聚集、土地供应的短缺（Richards，1972），导致土地高密度开发，负面效应也随之产生。1916 年纽约首先通过区划条例限制土地权利人对土地的开发利用，规划地块划分了五个建筑物高度分区。土地权利人若想建设超过高度限制的建筑物，那么建筑物占地面积不能超过该块土地总面积的 25%。如果建筑物占地面积低于规划的要求，就可以增加建筑物高度。此外，规划地块不仅包括开发者本身所拥有的土地，还可以扩展到相邻土地（Kruse，2008）。开发者可以通过租赁邻地或者购买邻地空间权的方式实现规划地块的扩展。

但 1916 年区划条例的效果并不理想，城市中心的交通拥堵、空气污染、采光遮蔽等问题仍然严重。单纯控制建筑物高度的管制并不能控制人口密度，因为开发者可以通过降低楼层间距和增加楼层的方法保证自己的开发利益。1961 年，纽约规划委员会（Planning Commission）颁布了采用容积率制度的区划条例。将人口密度最高的商业区的容积率设定为 15%，但办公楼的开发商因容积率的设定过低而抵触。为了争取开发商对 1961 年区划条例的支持，纽约规划委员会引入了两种变通措施。第一种是通过减少建筑物的占地面积获得额外的最高 20% 容积率，即容积率可以从 15% 增加到 18%。第二种则是（1916 年区划条例中就已经出现了）规划地块不仅包括正在开发的地块、开发者自己拥有的其他土地，开发者也可以通过对同一街区邻地 75 年以上的长期租赁来扩展规划地块的面积。这实际上已经是可转让土地开发权制度的雏形（Richards，1972）。

1961 年区划条例中关于容积率的变通措施仍然有较多的限制，如规划地块的扩张只能用于相邻土地以及共同所有权的要求。在 1968 年修正区划条例中，"相邻"的要求和"共同所有权"的要求被取消（Kruse，2008）。地标建筑物未利用的容积率不仅可以转移到相邻土地，还可以转移到街道对面的土地上去。同时，地标建筑物未利用的容积率还可以转移到其他人享有所有权的土地上去。1968 年修正区划条例既让地标建筑物的所有人得到了经济收入，保护了历史文化遗产，同时也保障了政府的税收收入。但限制条件仍然是存在的，第一，接受未利用容积率的土地的容积率增额上限仍然是 20%；第二，转让要经过纽约规划委员会的同意，该笔容积率转让不能不合理地增加接受容积率的建筑物的体积、接受容积率区域的人口密度，以免给该区域以及附近区域带来损害。1969 年纽约规划委员会对土地发展权转让的规定进行了修改。主要内容是：①未利用的土地发展权可以转移到其名下的任何其他地块上，跨街区的土地开发权转移被首次认可。②在人口密度最高的商业区，20% 的容积率增额上限被取消。1970 年，小城镇的房屋也被允许转让其未利用的土地发展权，但遭到可转让土地开发权地块附近的住户强烈反对，他们认为可转让土地开发权的转让对他们的居住环境造成不利的影响，之后可转让土地开发权的交易并不多。

纽约土地发展权转移在美国引起了广泛关注，但其弊端也日渐凸显。1971 年，芝加哥计划被提出，解决了纽约土地发展权转移的两个问题（Costonis，1973）：第一，创设发展权转让区，土地所有人可以在这个区域内自由地转让可转让土地发展权，不必受相邻条件的约束；第二，建立发展权银行，在市场对开发权没有需求时购买可转让土地发展权，在土地所有人拒绝参与发展权转移时，动用征收权征收其开发权并补偿资金，将征收获得的可转让发展权存入发展权银行。芝加哥计划虽然并未实施，但基本上奠定了土地发展权转让制度的架构。

1988 年，西雅图也采用了土地发展权转移计划，并设立了发展权银行（Frankel，1999）。同时，可转让土地开发权制度不仅用来保护城市中的地标建筑物和开阔空间（公园、广场等），也用来保护农业用地和自然保护区（Rielly，2000）。截至 1999 年，已有 22 个州通过法规批准建立了土地发展权转移制度。

上述土地发展权转移制度中，更多的是政府在土地所有者和开发者间通过规划与条例颁布平衡各主体间的利益协调关系。而在美国科罗拉多州等地延伸出的一系列计划，进一步加大了市场在转移制度中的作用和灵活性，主要通过土地信托的驱动，联合私人土地所有者、投资者、开发商等进行发展权的转移。

较为典型的一个案例是 20 世纪 90 年代至 21 世纪初科罗拉多州的保护和有限开发项目 （Conservation and Limited Development Projects，CLDP），将土地开发、保护和创收结合起来，为自然资源提供实用保护 （Perlman and Milder，2005）。主要的原理和实施机制为：土地信托利用和把握一部分私人土地所有者保护自然资源的意识，从私人土地所有者处接受土地发展权的捐赠，并对土地进行直接管理。在很多地块上，自然资源的质量存在着很大的异质性，因此土地信托充分利用这一点，对地块的生态资源保护价值进行评估，将地块分为高保护价值部分和低保护价值部分。对于高保护价值部分 （通常占地块面积的绝大部分） 来说，为了尽量减少对其生态的破坏而不对其进行再次开发；对于低保护价值部分来说，土地信托选择适当"牺牲"这些地块，将其引入市场，将发展权出售给投资者和开发商进行再开发。再开发所获得的资金则一部分由开发商和私人土地所有者获得，一部分用于土地信托进行高保护价值部分的保护和管理工作。这样的分区管理相当于高保护价值地块的发展权转移到了低保护价值地块上，满足了资源的保护和资金的运转需求。

不过，正如 CLDP 名称中"有限"一词所指示的那样，那些低保护价值部分的开发密度也会受到严格控制，一般会明显低于地方分区法规规定的开发密度，通常仅为法规中允许的最大开发密度的 5% ~ 25%。但这样较低的开发程度仍然能够取得可观的收入，因为 CLDP 中通常会开发地块为高端的单户住房，这些住房有固定的消费者和市场，有相当一部分的购房者愿意为优美的景色和高端独特的环境支付费用 （Mohamed，2006）。当然，CLDP 的实行也需要得到政府和当地社区利益相关者的支持与监督，只有这样才能更稳定有效地展开。

土地发展权转移直接用于各类保护地的资源与生态保护，在美国已经有非常多的成熟案例，与我国的占补平衡、增减挂钩等政策有异曲同工之处。占补平衡等类似于土地发展权转移的政策工具在中国多用于农田保护，这与中国耕地保护制度和建设用地指标分配制度有关，因此土地发展权转移如果应用于保护地方面的实践，可能还需要制度方面的建设。

2.2.4 土地发展权购买

PDR 是一种通常用于保护农业资源或开放空间的土地政策工具，主要用于永久性保护生产性、敏感性或观赏性的资源和景观，同时保留私人所有权和使用权。PDR 计划是完全自愿的，通过土地发展权折现激励土地所有权人参与其中。传统的用于农田保护地的 PDR 计划中，农田保护地所有者通过出售发展权获得现金，他们仍然可以建造农场建筑物或住宅，但是被禁止再次开发。通过购买土地发展权，可以保护重要的野生动物栖息地、水保护区和其他敏感地块，购买的地块大小和形状等可能因需而异。例如，野生动植物保护区通常需要大量相邻的土地，而风景区可能需要的是较小的、沿大路不连续的土地（Thorsnes and Simons，1999）。

第一个 PDR 计划于 1974 年在纽约萨福克郡（Suffolk County）实施，之后陆续在美国东北部的许多地方开展（Daniels，1991），至今，美洲、欧洲、亚洲等多国都以"生态补偿"（Villarroya and Persson，2014）、"可持续发展融资"（Wilsey，2008）、"绿色偿付"（Bonauto et al.，2010）、"生态品牌认证"（Allen，2000）和"碳交易"（Newell，2012；Prell and Feng，2016）等多种形式有了诸多 PDR 实践，并且这些 PDR 机制可以基本分为纵向和横向两个运行维度。我国是该融资方式研究和实践的后起国家，但目前也已经展开了以生态补偿为核心的一系列融资举措，关于我国的生态补偿实践相关内容将在本书第 4 章展开详细介绍。

纵向维度的 PDR 计划基本是由政府或公共机构对生态保护直接实施方进行支付或补偿。大多数传统 PDR 计划的目标是保持土地永久地用于开放空间或农业用地。PDR 是基于土地所有者拥有众多权利的概念，包括发展权、租赁权、出售权和借款权等。当所有权交换时，通常将整个"财产权利束"一起转让给买方（Nelson et al.，2013）。

纵向维度的 PDR 计划将发展权剥离出"财产权利束",由政府机构或其他组织(如土地信托)购买,购买协议的条款是具有法律约束力的保护地役权(conservation easements)(Diehl and Barrett, 1988)。参与者保留财产的所有权,并且可以居住、遗赠、出售或转让财产,但永久限制土地开发建设,因此采用 PDR 计划的保护地役权通常是永久性的。在大多数 PDR 计划中,房地产开发权的价值是由第三方评估确定的。开发权的价值是受限制土地的价值与地方分区规定的最大允许开发范围的土地价值之间的差额。PDR 计划的管理机构向业主支付这笔款项。对于大部分人来说,PDR 计划可能比直接征地更有吸引力。

PDR 计划在美国实施最成功的是宾夕法尼亚州和马里兰州,两者分别用 3.37 亿美元和 2.328 亿美元购买了超过 186 000acre① 土地的发展权。在新泽西州、佛蒙特州、科罗拉多州、马萨诸塞州、特拉华州和康涅狄格州,通过实施 PDR 计划已经保护了数万英亩的土地。

宾夕法尼亚州的农业保护地区购买是美国最为成功的两个 PDR 计划之一。该计划创建于 20 世纪 80 年代后期,主要是致力于保护农田。该计划由国家农地保护委员会 17 人和国家农业部土地保护局 8 人组成,与县级农业土地保存委员会共同管理。宾夕法尼亚州的 PDR 计划最初由 1987 年授权的 1 亿美元的债券计划提供资金,1999 年又拨出了 4300 万美元的债券。该计划每年从卷烟税中获得约 2000 万美元,从宾夕法尼亚州"绿色增长"计划中每年还会额外获得 2000 万美元的拨款,还有 200 万美元的资金来自联邦农田保护计划(FPP)。

对于参与 PDR 计划的土地所有者来说,该计划具有成本优势,因为土地所有者通过出售发展权利可以获得价值等额的现金,且不动产的所有其他权利都没有被剥夺。PDR 计划不会强行收回(taking)土地所有者的权利,因此利益相关方之间出现信任危机的可能性也较小。PDR 计划同时也减少土地所有者的税收责任,土地的发展权被购买后,通常其价值会下降到农业价值,因此长期来看,土地所有者获得了更

---

① 1acre = 0.404 685 6hm²。

多的资金，这比减税激励措施更有优势。PDR 计划对于政府也有优势，土地所有者获得的补偿较高，因此相较于其他的保护激励措施能更有效地防止土地开发。PDR 计划在美国一般是永久性的保护协议，对土地开发的限制是永久适用的，这也有助于降低违法行为发生的风险，更有助于法院执行。土地所有者也会受到保护，不受以后的分区变更的影响。但是 PDR 计划的最大缺点就是政府的补偿成本较高。当土地开发需求较高时，以市场价格购买土地发展权需要大量的资金，致使很多地方政府不得已放弃 PDR 计划。

PDR 在美国的保护地实践中运用非常广泛，主要运用于农业保护区和生态敏感区。其优势有两点：首先，PDR 避免了政府行使土地征收权，保持了土地原有所有权和使用权不变，有效缓解了土地权利人的抵触情绪；其次，土地征收导致政府支付高昂的征收成本，以至于政府无力负担。与 PDR 相类似的政策工具是保护地役权，即通过出售或捐赠土地开发权，在土地所有人和特定的机构之间达成的一种自愿的、可法律强制执行的、通常为永久性的土地保护协议。二者的区别是，PDR 的出资人一般是政府，而保护地役权的出资人一般是土地信托。

除美国外，以 PDR 为原理核心而衍生出的其他纵向融资方式也层出不穷。哥斯达黎加从 1996 年开始建立了全国性的环境服务付费制度。首先，哥斯达黎加通过立法手段，规定来自天然林、树木种植、经济林种植所提供的固碳、水资源保护、生物多样性保护以及观光风景服务可以得到补偿（Pagiola，2002）；其次，该制度还运用市场手段对私人生产者提供的生态效益进行补贴或者为政府发展权购买提供财政支持（Nasi et al.，2002）。

在英国，保护地内的很多土地都为私人所有，除强制征收外，政府为了解决资源保护、公众游憩和土地产权之间的矛盾，会与土地权利人签订协议，允许公众进入私人土地欣赏自然景观，即政府需要向土地权利人购买部分权利，"允许进入权"就包括在内。

危地马拉的公共机构联盟于 2001 年起逐步建立了名为"生态棕

榈"（Eco-Palms）的土地发展权购买融资项目，联合政府一起帮助多地社区可持续性地收获当地特色的木材和棕榈叶进行出口销售，同时达到了保护棕榈森林和提升居民生活水平的多重目标（Hodel，2002）。该项目的核心为一系列补偿和激励措施：首先，向特定的棕榈林地所在区域的社区或合作社提供政府特许权，来激励木材的可持续采伐，前提是合作社必须统一遵循符合当地森林管理委员会（Forest Stewardship Council，FSC）惯例的林业实践（Wilsey and Radachowsky，2007）；其次，项目会向合作社支付相当可观的可持续收割棕榈叶的费用，数额是原来棕榈叶价格的 3～5 倍；最后，项目还为林地生产居民提供棕榈叶采集培训，教授居民如何选择性地收割棕榈的某些部分，降低棕榈采集的丢弃率。这些措施本质上是对当地土地发展权购买的支付，支付费用经实践认证为居民提供了更高水平的生活质量，一部分溢价还被转化为当地社区的社会福利，使整个地区受益。

欧盟在 1992 年出台了生态标签（eco-label）制度，希望把各类在生态保护领域有突出表现和贡献的产品选出，进行肯定和鼓励，从而逐渐激励欧盟各类消费品生产的厂家进一步提升生产中的生态保护意识（Ting，2008）。获得生态标签的生产厂家和企业能够获得更广泛的产品推广，赢得更广泛的客户群，他们的产品也可以算是畅销"大欧洲"的通行证（Gökirmakli et al.，2017）。通过这样的激励方式，减轻了消费品设计、生产、销售、使用、后期处理中对生态环境带来的破坏。

厄瓜多尔的"智能航行者"认证是类似欧盟生态标签制度的小规模融资实践，其非政府组织于 2000 年为厄瓜多尔的加拉帕戈斯群岛制定了这项计划。群岛上的游船运营商一旦获得了"智能航行者"的认证，便能够向消费者展示他们对当地社会和环境的贡献，从而与未经认证的竞争对手区别开来（Epler，2007）。但是要达到该认证，运营商们必须花费更多的资金去购买环保低污染的设备，这部分缺失的资金则由一个名为"草根资本"的基金提供资助（Goodstein，2007）。"草根资本"是一项非营利的社会投资基金，专门向那些无法从商业财政机构获得融资的企业提供贷款。首先，游船运营商们能够将自己与买家（一般为美国或欧洲的旅行社）签订的旅游预订合同作为抵押，从"草根资本"中获得高达预期贸易额60%的贷款，用以购买符合环保标准的船舶设备（Walsh and Mena, 2016）。当游船运营商实现对买方（旅行社）的旅游服务提供后，买方（旅行社）直接向"草根资本"付款，"草根资本"则扣除贷款本金和利息，并将差额退还给游船运营商。在这样的资助模式下，游船运营商能够顺利获得"智能航行者"认证所需的资金，设备的升级也能够利于当地生态环境的保护工作。

除上述在土地发展权购买结构上偏向"纵向"支付的融资方式外，各国各地区还开展了"横向"维度的相关实践，横向土地发展权购买一般为不同地区和国家之间为了达到生态保护和共同发展的目的，互相之间进行土地发展权购买和补偿，相比有时候带有更多"强制性"的纵向土地发展权购买，横向土地发展权购买的成功更加依赖于购买双方（或多方）地区政府和机构自主的协议协商效果。横向土地发展权购买以流域上下游间的生态补偿和国际碳汇交易制度为典型代表。

德国和捷克的易北河流域横向生态补偿是较为成功的横向土地发展权购买融资案例。易北河的上游在捷克，中下游在德国，1990年两国达成了共同整治易北河流域的协议。根据协议，德国出资在易北河流域建立7个国家公园，两岸已有的200个自然保护区内，严格禁止建房、办厂或集约农业等破坏生态环境的活动，并且对上游捷克进行直接的经济补偿，用于建设两国交界处的城市污水处理厂（Jílková et al., 2010）。经过这一系列的举措，易北河上游的水质基本达到了协议约定的标准，并且两国实现了较好的互惠共赢效果。

横向土地发展权购买补偿甚至可以通过多国间更大规模的合作协议来完成，最典型的案例便是国际碳市场交易制度。国际碳交易来源于1992年的《联合国气候变化框架公约》（United Nations Framework Convention on Climate Change, UNFCCC）和其补充条款，也就是1997

年的《京都议定书》（Kyoto Protocol），旨在以更加广泛和灵活的方式团结多个国家，减少温室气体的排放，减缓生态环境的整体性恶化。《京都议定书》包含了几种具体的合作融资机制。

1）国际排放贸易机制（emission trading，ET）。该机制通过国家之间的协商确定一个总的碳排放量，根据各个国家减排的承诺分配各自的排放上限。如果一个发达国家超额完成碳排放减排指标，那么其可以以贸易的方式把指标出售给另一个未完成减排义务的发达国家（Böhringer，2003）。

2）联合履行机制（joint implementation，JI）和清洁发展机制（clean development mechanism，CDM）。这两种机制均指的是一些减排成本较高的国家能够出资在减排成本较低的国家实施碳减排项目，出资国可以获得由项目产生的减排指标，从而用于履行其减排承诺，而受资国则可以通过项目达到减排产生的生态效益，并获得一定的资金或者有益于环境的先进技术，促进本国的发展。两种机制的区别是，JI 一般是发达国家间的合作，CDM 一般是发达国家和发展中国家间的合作。

《联合国气候变化框架公约》截至 2016 年 6 月已经拥有了 197 个缔约方，一系列的碳交易合作举措也已经获得不小的碳减排成效（Hickmann et al.，2021）。这些国际碳交易机制还由世界银行设立的碳融资基金等资金体系提供保障，但从目前已有实践来看碳融资在盈利能力预测和支持性措施等方面仍存在一些不足。另外，碳交易机制由于规模较大，涉及许多地区和国家，易受到国际政治局势、经济走势等影响，且复杂的认证流程、高监管成本、资金到位慢等也是其存在的主要问题。

上述四种融资政策工具在国际保护地实践过程中都有采用，尽管在不同国家相关政策工具的名称不尽相同。

土地征收的特点决定了该政策工具只能在保护地内部实施。较为典型的是美国的国家公园，其内土地已经基本全部国有，之前公园内部的私人土地产生于国家公园形成以前，属于历史遗留问题。为了防止土地碎片化，通过制定严格的保护计划，明确需要纳入公共土地的范围和保护措施，通过与业主协商对土地进行收购，无法协商解决的则采取征收措施。土地收购资金主要来源于保护基金会，收购方式包括用预算或捐赠资金购买、互换、捐赠、廉价出售、从公共领域转移或退出等多种方式。

长期公共租赁在保护地中的应用并不广泛，因为这类政策工具多用于城市土地价值捕获，对于土地减值补偿毫无意义，反而在中国的大部分保护地中，集体土地的承包制度属于长期公共租赁。对于存在土地增值的保护地，长期公共租赁才可以显示其有效性。在接下来的章节中，关于长期公共租赁在中国保护地中的应用会有详细论述。

土地发展权转移或购买在各国的保护地实践中运用非常广泛，主要运用于农业保护区和生态敏感区。土地发展权转移或购买的优势有两点：首先，土地发展权转移或购买避免了政府行使土地征收权，保持了土地原有所有权和使用权不变，有效缓解了土地权利人的抵触情绪；其次，土地征收导致政府支付高昂的征收成本，以至于政府无力负担。

综合来看，三类涉及土地权属的融资政策工具在保护地中的适用条件并不相同，土地储备（国有化）适用于以生态保护为主、土地价格低廉、私有产权土地较少的保护地；长期公共租赁适用于存在土地增值的保护地；土地发展权转移或购买适用于私有土地较多、一次性征收困难的保护地。

2.3 涉及土地税费的融资政策工具

土地税是国家从土地所有者或使用者手中取得的实物或货币，具有强制性、无偿性和固定性（邹伟，2009）。土地税可以分为财产税和所得税两种主要形式（李嘉碧，2011）。财产税形式是在土地保有阶段征税，以反映土地拥有量的数值为课税的依据。所得税形式是在土地交易阶段进行征税，以土地自身以及各种其他原因带来的增值收益作为课税的对象。涉及土地税费的融资政策工具在土地价值捕获方面应用非常广泛，在保护地可持续资金支持方面也有同样广泛的应用。主要包括以下两个方面：

1）以税收支撑的政府预算是大多数国家保护地最大的融资来源。在大多数国家的保护地年度预算中，有 13 亿~26 亿美元来自政府预算支出。加拿大国家公园每年的政府预算为 6 亿加元，美国国会每年对国家公园的拨款资金超过 20 亿美元。英国国家公园保护经费中，50%~94% 来自中央政府资助。另外，如北美的一些国家会使用税收支持债券为保护地提供资金。由此可见，通过税收支持的政府财政是保护地融资的最主要的政策工具。不过需要说明的是，虽然保护地的资金很大一部分来源于税收财政，但是并不能说这部分税收是由其他地区土地增值产生的，也就是说保护地直接融资的税收并不是增值与减值对应。

2）其他税费也是国家公园资金的主要来源，但世界各国不尽相同。例如，伯利兹对乘飞机或游轮抵达该国的每名乘客收取大约 4 美元的旅游税，收益转到支持保护区和其他保护活动的国家保护信托基金。其他国家对酒店房间的价格征收旅游税，其中一些是专门用于生态与环境保护的。这些税收适用面非常广，包括各类消费、娱乐设备、林业采伐、捕鱼、狩猎以及电费和水费。美国马萨诸塞州的社区保护法（Community Preservation Act，CPA）是一个以税费融资的典型案例，该法通过普遍地征收房产附加税以筹措保护资金，并结合债券发行和政府间合作，多方合作进行保护地融资。

土地费和土地增值税（betterment levy）则是两种符合受益付费原则的融资方式。土地费通常是指政府向土地所有者或使用者收取的管理性、服务性和补偿性费用。在土地费中，设施补偿是对基础设施和公共服务设施的补偿，也是对规划利益进行还原的重要方式，美国的开发影响费（impact fees）就是土地费的一种。世界上大多数国家实施的是土地增值税，以城市规划调整带来的土地增值作为课税对象，是城市规划融资的重要组成部分，如英国提供了土地增值价值捕获较为经典的土地税案例。

除此之外，税收的减免可用于鼓励诸如土地捐赠和地役权等活动，用于减少保护区政府预算的拨款压力。许多国家对保护地内的居民财产或涉及自然和文化遗产的资金使用都有减免政策。例如，"智利的私有土地保护计划"（Chilean Private Lands Conservation Initiative）将土地所有者向信托机构捐赠的土地所有权或地役权看作慈善捐款，给予税收减免或直接经济补偿。这类减免税收的政策在个人所得税征税和个人捐赠体系完善的国家尤为成功。

2.3.1　美国的房产附加税

以美国马萨诸塞州的社区保护法为代表的融资工具，以向当地每一处房产征收房产附加税为核心，为当地的公共开放空间保护提供了稳定有保障且灵活的资金支持，尽管这是一个规模较小的融资计划，但却因其中的公民广泛参与、政府间有效合作和土地保护者长期不懈努力，受到美洲各地区保护工作领导者的广泛借鉴和参考。

马萨诸塞州的社区保护法的最初灵感来自1983年的楠塔基特岛土地银行，土地银行对每一处房产的销售价格征收2%的房地产转让税，该计划由楠塔基特的计划委员会构思设想，由楠塔基特选民采用，并通过马萨诸塞州立法机构的一项特别法案加以确立。1985年初，马萨诸塞州的一名议员在州立法机构提交了一项法案，即希望授予所有城镇享有和楠塔基特同样的权利——征收房地产转让税以用于土地保护（Associated Press，1985）。但这项法案最终未能列入法律。此后的两年中，尽管有大量基于该房地产转让税模式的土地银行提案被提出，但一直没有得到广泛立法和推广。

这其中的矛盾点在于，房地产转让税的支持者认为这个做法能使房地产销售与发展中土地的流失相联系；而房地产转让税的反对者（以房产经纪人为代表）抗议道这个做法显然只关注了新的建设，在早已存在的房屋案例中站不住脚。资助开放土地保护的负担不应仅仅落在房地产市场参与者的肩上。在反对者看来，社区中的每一个人都应该通过更广泛的税收来进行资助。基于此，这场关于房地产转让税广泛立法的多年战争最初并没有成功，但是这场改革浪潮却带来了社区保护法的兴起。

自 1987 年起，已有以马萨诸塞州众议院议员罗伯特·杜兰德（Robert A. Durand）为代表的一群环境保护支持者，同时关注土地保护和经济适用房，他们认为开放土地和经济适用房都是构成充满活力的社区的基本要素，杜兰德也在接下来的十几年中不断提倡将土地保护和经济适用房配对。1997 年，杜兰德正式引领了社区保护法这一立法，并为该立法争取到了迅速高涨且关键的民意支持，当时的社区保护法将开放空间保护、经济适用房、历史保护和其他目的（如棕地再开发和化粪池系统的改进）合并为一个立法计划，并允许所有城镇通过公投表决采用房地产购买价格 1% 的房地产转让税。这个立法仍然高度依赖房地产转让税，因此继续遭到了房地产和商业界的强烈反对。至此，社区保护法暂时被搁置在立法机构中，直到几年后在马萨诸塞州的科德角出现转折。

1999 年，科德角的环境保护者、房地产经纪人和商业领袖组成的联盟基于社区保护法的模式，推出了一个创新的科德角土地银行（Cape Cod Land Bank）法案，其资金机制并不再使用容易引起分歧的房地产转让税，而是转变为了房产附加税，即允许科德角城镇征收 20 年的 3% 房产附加税（Casale，2007）。这一税费上的变化直接促成了该法案在马萨诸塞州立法和地方选举中均获得了批准和选民的热烈支持。

被批准通过的科德角土地银行法案标志着马萨诸塞州能够开始正式制定社区保护法。2000 年，马萨诸塞州的众议院和参议院最终均通过了采用征收 3% 房产附加税的社区保护法。其具体运行机制如下：

首先，居民公投环节。获得半数以上赞同后，州政府批准法案实施，向地方政府授予征税等多项自主权，并为土地保护项目提供配套资金。配套资金也包括马萨诸塞州社区保护信托基金提供给地方的资金。

其次，地方政府获得授权后，向社区居民的房产征收 3% 的附加税。不过为了减轻特定类型的纳税人的负担，征税也有豁免情况，如住宅房产第一笔 10 万美元内的应缴税税额、中低收入住房、部分城镇三级（商业）和四级（工业）地产等。此外，还可以以这些预期税额为担保发行一般义务债券或票据，此类债券可以用于社区保护法允许的任何目的（Heintzelman and Altieri，2013）。相应地，地方政府也需要成立社区委员会，向州政府提出开销建议，州政府根据其建议批准地方政府社区保护法的所有财政支出，虽然可以减少或驳回委员会提议的金额，但不能拨出超过该数量的金额。并且，地方政府被规定每年必须花费或留出至少 10% 的社区保护法资金用于开放空间使用，10% 用于历史保护，10% 用于经济适用房，剩余的 70% 可用于这三种用途中的任意一种或多种，这同时起到了保护地资金监督的作用。

参与社区保护法的地方城镇可以在五年后选择弃用该计划，结束征收房产附加税；也可以在运行社区保护法的过程中更改附加税征收水平或其他免税事宜，但是如果地方市政当局已经发行了以社区保护法支持的债券，附加税的征收必须在债券债务偿还前维持有效。

在 2000 年社区保护法生效后的几年中，不断有更多的地方城镇采用了社区保护法来筹措保护地资金，并取得了不错的成效，截至 2008 年，马萨诸塞州的城镇已经批准了 5.51 亿美元的社区保护法资金，并资助了 2824 个项目。其中有 2 亿美元用于 581 个开放空间土地项目，超过 10 000acre 的土地得到保护。同样截至 2008 年，采用该法案的城镇数量达到 140 个，但共有 345 个城镇试图尝试社区保护法，即法案批准成功率仅为 41%，这主要是由于社区保护法不是目的单一的议案，它的复杂性需要花费大量的成本和努力来确保选民支持与批准，因为它涉及如附加费水平、免税机制、信托基金余额、地方经济繁荣度等多类问题，而每类问题都有无法确定的支持者和反对者。

事实上，诸如房产附加税这样的融资方式，其采用和热烈开展主要集中在了一些正在快速发展的地区，这可能是因为以房产附加税为主的社区保护法配套资金与房产价值挂钩，富裕社区会比贫困社区获得更多的资金，并且很难确定实际上社区如何支出州资金，以及资金是否得到有效利用。

2.3.2 美国的开发影响费

美国涉及土地税费的融资工具除了房产附加税等普遍征收的财产税外，还包括开发影响费，对基础设施受益范围的业主征收相应的费用（Bauman and Ethier，1987）。

开发影响费指地方政府向新开发项目的开发商征收费用，以提供新的基础设施或扩大原有公共设施。开发商因其开发建设活动导致公共设施需求增加，需要支付部分公共设施的建设成本或直接承担公共设施的建设义务，符合受益付费的原则。20 世纪 50～60 年代，开发影响费首先被用来融资改善上下水道系统。70 年代，联邦政府减少了地方政府补贴，开发影响费开始应用到多个领域。80 年代，开发影响费已经成为非常普遍的公共设施融资手段，可用于公园、学校、道路、公交场站以及其他满足城市发展需要的各种基础设施的建设。1987年，得克萨斯州颁布了第一个授权立法，并制定了开发影响费的官方指导原则和约束条件，直接推进了 1993 年 20 个州通过开发影响费立法。如今开发影响费是一种非常常见的融资管理工具，已有 28 个州有相关立法，没有立法的地方政府也经常使用开发影响费。39% 的县和59% 的超过 2.5 万人的社区都为基础设施建设缴纳开发影响费（Burge and Ihlanfeldt，2006）。在佛罗里达州，90% 的社区都使用开发影响费（Mullen，2007）。虽然开发影响费使用率不断增长，但据 2012 年全美开发影响费调查发现，自 2008 年以来美国开发影响费的平均值一直在下降。例如，佛罗里达州的一些社区已经暂停或取消了所有开发影响费，其他一些社区降低了开发影响费。亚利桑那州通过立法决定在一段时间内停止征收新增的开发影响费，而其他一些法律禁止某些类型的开发影响费。这是因为经济下滑和房地产市场危机导致土地价值和建筑成本较低,地方政府选择采取这样的行动,以刺激经济发展和城市建设(Mullen, 2007)。

开发影响费是建筑物获得建设许可证或分区批准时征收的"预付"费用。这些费用将专门用于特定的公共设施建设。开发影响费的费用结构一般根据住宅中居民或卧室的数量、建筑物的面积和建筑基底面积来确定(Nicholas, 1992)。开发影响费收入一般"专款专用",同时要在合理的时间内(通常是6~8年)用于支付基础设施建设,否则将要退还给付款人。开发影响费通常是分阶段征收,以最小限度地影响当地房地产市场。每3~5年政府还会更新一次收费标准,以应对通货膨胀和需求变化。

开发影响费的收费基本单位各不相同,佛罗里达州好莱坞早期对休闲娱乐场所和露天场所征收建筑价值的1%作为开发影响费,但遭到法庭禁止。之后,佛罗里达州布劳沃德根据住宅类型和卧室数量制定了公园影响收费制度。由于公园开发影响费随住房人数变化而变化,卧室数量建立了人与公园之间的联系,故布劳沃德公园开发影响费被法院认定为是有效的(Nicholas, 1992)。佛罗里达州棕榈滩县的开发影响费以住宅内居住面积为基本单位,开发影响费与收入成正比,确保了小而实惠的住房的开发影响费不会像大面积住宅那样高,反映了当局对解决住房负担问题的综合考虑。

向开发商征收开发影响费,要求开发商在获得经济效益的同时承担起基础设施开发和公共服务的花费,从而有效地减轻政府财政负担,丰富公共设施资金来源。开发影响费根据公共基础设施的成本计算而得,通常在工程完成之前就以现金方式支付给地方政府。一般来说,开发影响费是最重要的保障基础设施建设资金的方法之一,已经成为地方政府新建和改善公共基础工程的重要组成部分。相比强制征收,开发影响费更为广泛和灵活,可以针对各类土地(包括住宅、商业和工业等)征收开发影响费,用于资助场外设施的建设,评价方法也更为客观。

2.3.3 英国的土地增值税

英国是采用土地税费制度的主要国家（Barker，2006），其土地增值税及制度变迁有代表性。1909 年《住房与城镇规划诸法》以及之后相继颁布的几个法案施行了 50% 的增值税，在批准土地利用规划时进行征收。1947 年，随着土地发展权的国有化，工党政府还实施了 100% 的土地"开发费"（Cox，1981），也就是说所有开发引起的土地增值收益都将收归国有，由中央政府获得。1953 年保守党政府上台时废除了这项"开发费"。接着，1967 年工党政府再次执政，颁布了《土地委员会法案》，再次收取公开市场上土地交易 40% 的土地增值税，并且税率缓慢增长。1971 年保守党政府上台时又废除了这项法案。1975 年工党政府再度掌权，提出了《社区土地法案》，继续进行开发用地的强制征收，但这次的主体是地方政府；1976 年超过 1 万英镑的涨价开征 66.6%～80% 的《土地发展税法案》，这次税收将有一部分由地方政府获得，但大部分仍由中央政府获得。这次保守党政府上台之后，却并没有立即废除这项税收，而只是增加了很多免税条款，最后这项税收在 1985 年被废除（Grant，1999）。这基本成为英国进行直接融资的终止。但实际上，争论还在继续，2004 年工党政府提出了 20% 的"规划收益补充"增值税，但是没有被采纳；到 2010 年，其在竞选失败前提出的"社区基础设施税"（CIL）实际已经是直接融资与间接融资的结合体，保守党政府上台后，也并没有立即废除这项提案，而是以一种更加灵活的方式实施（Peterson，2009）（图 2.1）。

2.3.4 智利的税收减免激励

智利曾采取一系列以税收减免为核心内容的融资举措，用于促进和激励私人土地所有者自愿加入保护土地的行动，并取得了显著成效，其中以智利的私有土地保护计划为代表。

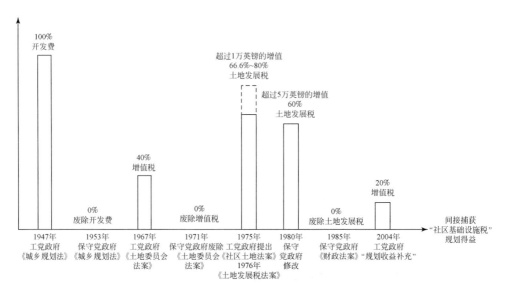

图2.1　英国土地税费的演变过程

2006 年，智利－美国商会、大自然保护协会（The Nature Conservancy，TNC）和智利私营部门的几位代表共同协商合作，使得智利的私有土地保护计划的成形十分迅速。这主要还归功于四个基本因素：首先，智利拥有独特的经济和政治背景，它在当时是中南美洲的第三大经济体，公民享有拉丁美洲的最高物质生活水平，智利还拥有强大的私营部门，包括农业、矿业、林业和渔业部门等（Rector，2019）；其次，智利拥有丰富但日益受到威胁的自然风光和生物多样性；再次，当时智利的公共和私营部门都意识到了环境保护与自然资源可持续管理的重要性，这是因为智利依赖出口的产业需要依附于大量具有环境效益的土地，如果智利希望继续扩张经济，必须进行环境和资源的可持续管理（Pliscoff and Fuentes，2008）；最后，当时智利的情况与美国 20 世纪六七十年代发动土地信托运动时的情况相似，两者均有着发达且不断增长的经济，明智且有影响力的私营部门，以及逐渐意识到需要帮助政府保护资源环境的人民。基于这些因素，这些公共和私营部门组成的联盟意识到，智利需要快速采取行动，以激励私有土地的资源保护。

私有土地保护计划就这样由智利各部门和代表组成的私人土地工作小组制定，其核心内容主要包括三大策略：

1）制定财政激励措施，包括智利税法修改和补偿，即把土地所有者向信托机构捐赠的土地所有权或地役权视作慈善捐款，给予税收减免或者直接经济补偿，减免的税收可包括联邦和州的公司所得税、不动产税或房产税等（Corcuera et al.，2012），在此之前，智利的税法中几乎没有私人保护行动的激励措施。

2）制定并试验灵活的法律制度以保护私人土地，特别是保护地役权。当时在美国，保护地役权已经为一种受欢迎且成功的手段，但其基于的是美国遵循的英国普通法律体系，而智利实行的是拿破仑法律体系。因此，私人土地工作小组创造了一种全新的保护土地所有权类别——"真正的保护权"（derecho real de conservación），并促成了相关的法案出台，以适用于任何使用拿破仑法律体系的国家。"真正的保护权"被定义为一种物权，包括保护财产或环境遗产的某些属性和功能的权利，可以直接针对无形资产或生态系统服务而设立、划定和管理，并能够促进自然资本资产的划分，它是一种"反射性的保护范式"，而非英美法系传统保护地役权中的对土地"施加静态限制"。

3）利用这些新的私有土地保护手段来保护土地，尤其是地中海式的栖息地。为了配套税收减免政策和适用于智利法律体系的土地所有权，私人土地保护计划努力促使智利土地信托的成立和良好运作，以直接管理私有土地，并提供土地管理援助和科学的、以市场为导向的保护战略。

总的来说，智利令人惊叹的出口驱动和依赖出口的经济增长，伴随着可持续土地管理及其保护活动的大幅增加，促成了以税收减免为核心的私人土地保护计划。不过智利私人土地保护计划已经取得了不小的成就，但在更大范围内推广实施的效果还需要更长久的观察和验证，其在各地的推动也面临着诸多需要克服的困难，如需要进行进一步的税制改革、私人环境保护教育、市场营销和传播交流等。

税收减免激励这类保护地融资在美国等其他国家也有一定的实践经验，对于政府和土地信托机构来说，这样间接激励的方式使得参与的私人土地所有者主动捐赠保护地役权，在一定程度上降低了不少推动该融资方式进行的经济成本。但为了鼓励更多的私人土地所有者进行捐赠，前期可能需要花费大量的交易成本进行宣传和鼓动，能够得到补偿；或者说，这样的融资方式更加适用于保护意识普遍较高、发达程度较高的地区。另外，如果需要形成一定规模的税收减免制度，并维持其较长时间内稳定地实行，政府也需要将税收的减免机制和地区、国家整体的已有税制进行契合与匹配。

2.4 涉及土地重划的融资政策工具

涉及土地重划（land readjustment）的融资是在地方政府社会管理过程中自下而上产生的，本质也是为了捕获土地的增值收益，但更加实用主义，可以为城市基础设施建设筹集资金，防止土地投机等（Alterman，2012）。涉及土地重划的融资的主要方式是地方政府以额外的开发权或者一些规划限制的放松为交换，向土地所有者或开发商索取一定的公用土地或者是公共服务的建设，将公共服务、基础设施建设的成本转移给开发商，实现方式多样。英国、美国和中国台湾都有相应的涉及土地重划的规划融资手段。在英国为规划得益或规划义务，在美国为奖励区划，在中国台湾则为区段征收等。

2.4.1 土地重划的基本模型

虽然优化土地利用可以增加土地权利人和全社会的财富，但实际中土地所有者并不都赞同土地重划。在大多数城市更新项目中，对土地增值分配的偏好不同，土地所有者间缺乏合作等往往会导致土地所有者拒绝城市更新。城市内部土地产权的严重分割成为城市更新最大的障碍。一般传统的土地整合方式是国家征用或市场自由交易，但都会导致效率和公平两方面的次优结果，甚至导致城市更新计划的彻底落空（Connellan，2002）。近年来不少学者推崇第三种方式，即文献中通常所说的"土地重划"。

地块的大小是决定土地价值的关键因素（Evans，2008）。市场和分区规划共同指导地块边界的确立，当市场变化导致规划不再适用时，土地分区规划就必须调整，优化土地利用，这时就需要合并不同产权所有的土地。假设地块 A 和地块 B 彼此相邻，在过去的分区规划中都被用于低密度住宅开发，每个地块都建立了独栋别墅。随着邻里人口的增长，城市建设密度逐渐提高，必须限制地块建设，以满足日益增长的需求。由于地块 A 和地块 B 都太小，无法同时各建造两栋房屋，但如果地块 A 和地块 B 合并为一个地块，在重新分区规划后，就可以建造三栋房屋。由于合并后的土地面积可以建三栋房屋，土地价值将高于现有两块土地的价值的总和。于是将两块土地整合并重新规划开发，可以增加土地所有者和整个社会的福利。

当交易成本为零时，两个土地所有者原则上会自愿交流，并实现土地重建过程中增加的收益。但实际上，正如新制度经济学家所说，交易成本从不为零（Coase，1937；Alston et al.，1996；Hong，1998；Webster and Lai，2003；Williamson，2007）。假设业主 A 试图采用新的分区规划，购买业主 B 的土地，将两个相邻的土地整合重建。业主 B 认识到业主 A 需要他的土地来实现土地整合的净收益，因而可能拒绝出售土地，除非业主 A 将价格提高到允许业主 B 保留整个土地效益。而业主 A 很可能会拒绝将土地整合的经济利益交给业主 B，因为业主 A 会认为业主 B 创造的价值仅仅是业主 B 的所有权。两个土地所有者都试图通过讨价还价来最大限度地实现自身利益，导致土地整合的谈判成为僵局（Asami，1985）。

在这种情况下，即使有第三方的参与也无济于事。开发商向两个土地所有者提供高于其土地市场价值的价格购买两块土地，通过土地整合而获利，这样对各方都有利。对于开发商来说，购买第一块土地的投资是确切的，但只有同时购买相邻的土地并整合重新开发时，才能实现投资第一块土地的预期回报。由于开发商将向第一块土地的卖方支付购买物业的溢价，如果开发商未能获得邻近土地来完成该项目，则该溢价将变为损失。换句话说，开发商将被受制于第二块土地的购买，谈判地位不再平衡。因此所有者都会寻求最后一个出售土地，并提出一个尽可能高的价格。由于两个土地所有者拒绝首先出售土地，重新开发这两块土地的想法将陷入僵局（Grossman and Hart，1999）。即使使用盾牌公司（Shield Companies）购买这两块土地，也不能保证盾牌公司的真实身份永远不会暴露出来。如果业主 A 或业主 B 发现其中蹊跷，则僵局会再次出现。

这些简单的例子表明土地整合谈判常常是非常复杂的。随着参与者的增多，复杂程度也会增加。知道事先交易成本高昂，僵局很可能出现，土地整合的开发商就会放弃，土地整合也因此保持在较低水平。

土地重划的优势就是尽量减少土地整合的交易成本，一般有四个部分：项目启动、社区支持发展、土地复垦和土地重新分配。政府针对规划不完善或者旧版规划过期的地区发起土地重划项目，对所有权分散的土地进行重组并实施新的规划，优化土地利用来获得土地用于建设基础设施。土地重划后土地再分配时，原土地权利人获得了同等价值的另一块土地（土地所有者放弃了部分土地，作为基础设施用地）。这种方法为地方政府节省了土地征用的初始资金，因此在公共设施建设过程中很有吸引力。

开发商通常在尚具开发潜力的地区（多数是在旧城区）推行土地重划项目，这些地区地理位置具有战略性，土地利用现状不足以支撑现有发展，开发商通过土地重划项目可以获得收益，但是开展土地重划的潜在收益，直接受到土地权利人合作的积极性的影响。因此，只有大部分业主同意参与土地重划项目的社区才能推进项目。土地所有者将其产权作为投资资本，投资回报是项目结束时的土地或其他形式的不动产。在大多数情况下，土地重划项目的原则是保持土地权利人权益的净值不变。对未来土地价值的评估永远不可能准确，因此一种分配方法是确保每个土地权利人的土地价值与所有土地总价值的比例在项目前后相同。

这种制度安排与自由市场交换和强制征收有很大不同。最明显的

是，传统方法是由开发商和个人业主分开单独谈判，而在土地重划中，
集体谈判是主导模式。传统方法将谈判成本强加给开发商。而在土地
重划项目中，谈判成本主要是参加公开听证的业主的时间成本和制定
解决争议方案的协商成本。土地重划交易成本的高低取决于三个因素：
①业主的组织方式；②业主间的沟通程度；③利益一致性。所有这些
因素都受到业主人数的影响。业主人数较多时，彼此矛盾多且信任度
低，没有能力相互沟通和执行协议，谈判成本较高。人数较多的群体
间的集体行动是非常昂贵的（Olson，1965；Hardin，2009）。根据集体
行动的逻辑，无论其他社区成员是否参与该项目，拒绝加入土地重划
项目的个人业主都可以享受到土地重划创造的好处（如更高的土地价
值或更好的设施）。个别业主可能寻求自身利益最大化而拒绝加入该项
目，却让其他人支付所有的土地重新开发费用。在项目结束时，这些
业主仍能够从土地重划带来的更高土地价值中受益，而不用承担放弃
房屋、搬迁所带来的项目风险。如果所有业主都用同样的理由来决定
是否参与土地重划项目，那么土地重划项目将永远得不到充分的支持。
大多数业主要么避免支付公平的费用，要么试图避免被"搭便车"。

　　解决集体行动的困境，需要特别的土地重划立法明确个人私有财
产权利应该支持公共利益。如果一个社区的大部分业主都认为土地重
划项目对整个社会是有利的，那么少数人的阻挠便是不合理的。因此，
拒绝参与的业主必须被强制出售他们的财产。制定土地重划的法律规
定是非常重要的，可以促进有关各方之间的谈判，通过建立共识来解
决业主的集体行动问题。如果少数业主在大多数业主同意后决定不参
加土地整理方案，法律的作用就是赋予强制参与或强制购买的合法性。
在大多数国家，需要由绝对多数业主同意才能进行土地重划。例如，
日本 2/3 的市地重划项目要求社区 50% 私有土地业主的同意。这种否
决权使业主能够集体地评估市地重划项目，如果预期成本高于收益的
话可以拒绝参与。在一般情况下，通过土地重划获得全部地方基础设
施投资是非常困难的。在大多数情况下，需要直接的公共补贴和/或增
加容积率的区划。更重要的是，公共产品的自筹资金和业主参与程度

之间存在权衡：如果大部分调整后的土地都用于公共设施和销售，参与的业主最终只能获得更小的土地。在中国台湾、德国、朝鲜等地区，土地权利人一般会放弃高达30%～50%的土地（Home，2007），用较小的地块来容纳同样大小的人口，开发密度必然增加。如果住房消费偏好低密度社区，经过土地重划后，土地权利人并不乐意被许多房屋包围，增加的土地价值并不足以弥补他们完全失去的幽静环境，在这种情况下，土地重划项目想要获得大多数业主同意，就不能扣除太多的土地用于公益用地。

在土地重划项目边界范围内提供了新的基础设施后，所有新的细分土地将被评估市场价值，并将土地归还给原土地权利人。原土地权利人都会得到一个新的地块，尽管规模较小，但市场价值至少与原来的土地价值相同。如果高密度发展是可行的，那么房屋面积的减少可以保持在最低限度，返还给业主的土地的总价值甚至可能高于原有土地的价值。如果部分原土地权利人获得的土地比之前拥有的土地面积小，将会获得现金补偿。在获得土地后，业主可以重建房屋。

土地重划相比于强制购买的优势在于让原土地权利人参与土地重建，保留了他们享有土地重划带来的经济收益。土地重划项目中的业主已经贡献了部分土地来为当地基础设施提供融资，因此允许他们享受投资所创造的其他部分土地增值是公平的。同样，土地权利人也承担了土地重划项目的风险：如果土地重划完成时恰逢房地产市场的意外下滑，出售留用地获得的收入可能不足以支付公共产品的基础设施成本，这时就不得不要求土地权利人提供更多的土地或现金来弥补亏空。在归还给参与业主土地后，土地重划剩余的土地可以用于拍卖，用收益补足当地基础设施的建设成本，如果出现赤字，业主将被要求提供额外的资金。所有债务清偿后，社区可以选择解散土地重划机构。地方政府恢复维护新建基础设施的责任，并通过财产税收入为社区提供其他服务，土地重划项目正式完成。

土地重划项目的吸引力在于只需要较少的公共资金来获得土地。在城市更新时，部分整合的土地将用于基础设施建设，剩余的土地将重新分配给参与业主。此外，可以预留部分待出售的土地以筹集资金用于支付基础设施开发成本（Doebele，1982）。

2.4.2　土地重划与生态移民

土地重划虽然经常用于保护地融资，尤其是保护地内原住民外迁等保护实践，但是其基本原理已经和规划得益或市地重划等土地重划项目有了本质区别：规划得益和市地重划的核心是土地权利人放弃部分土地，但土地总价值增高，政府获得土地修建基础设施。这个过程中，土地权利人的土地价值提高是因为基础设施的修建，因此二者有非常强的对应关系。在保护地中的土地重划却大不相同：政府为了减少人为活动对于保护地资源和生态的干扰，集中安置原有土地权利人，安置地点很可能不在原有土地上，甚至位于保护地外部。虽然原有土地权利人的财产价值也会显著升高，但和土地重划的过程没有直接对应的关系。土地重划和生态移民的区别主要体现在三点（图 2.2）：首先，土地权利人的财产价值增加的原因并不一样。在土地重划项目中，土地权利人的财产因基础设施的建设而升值，生态移民项目中的土地权利人则是因为被安置到城镇而土地增值。其次，土地权利人重新分

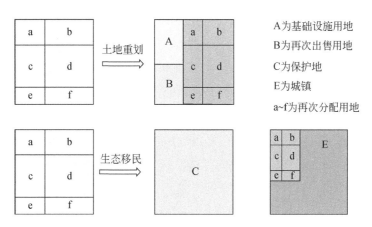

图 2.2　土地重划与生态移民的比较

配的土地位置并不一样。土地重划后,权利人仍会被安置到原有土地上,而生态移民则被安置到其他城镇内。最后,两者的项目资金来源是不一样的。以我国台湾土地重划项目为例,原来的土地所有者至少得到原有 40% 的土地,其余 60% 的土地归政府所有(其中 35% 用于道路和公共设施建设,25% 出售以筹集资金支付基础设施),因此土地重划项目可以实现资金封闭运作。生态移民项目的资金来源基本上都是来自政府预算。

2.5 国际融资政策工具比较

国际上土地增值融资的研究已经形成了比较成熟的体系,围绕着"土地价值捕获"可分为两个主要的方向,一个是与用地规划调整相关的土地增值融资;另一个是空间管制外部性(基础设施特别是交通基础设施融资)带来的土地增值融资。土地增值融资研究在数量上有很多的文献(Batt,2001;Peterson,2009),在土地减值融资方面,国际研究显得相对不足。

上述的各种土地融资政策工具也多半是针对土地增值的,很多政策并不适用于土地减值。涉及土地权属的融资中的长期公共租赁和土地发展权购买是有可能(或者说已经)用于保护地空间管制下的融资的;涉及土地税费的融资中的土地增值税和开发影响费、涉及土地重划的融资中的生态补偿和生态移民等都在保护地融资中有所实践。然而,这些融资途径却未必全都成功地实现了既定目标,即使是同一途径,其在不同地方融资的实施效果也千差万别。因此有必要对其进行详细比较,明晰各种融资途径之间的差异,寻求各种方式之间的理论共识。融资的本质是寻求社会正义,公平是融资的基础,效率是融资的目标,本书将以"公平和效率"作为各种融资方式比较的依据,即是否实现了利益主体间的社会公平、是否实现了融资过程中社会成本最小化与收益(效果)最大化(表 2.6)。

表 2.6 保护地融资政策工具的比较

保护地融资类别	融资工具	内涵
融资基础	空间管制	空间管制是指对土地利用及其附属建筑的控制，是控制土地利用的技术工具
涉及土地权属的融资	土地征收	国家以社会公共权利为名征收土地使土地国有化
	长期公共租赁	国家征收土地并出租，捕获土地增值收益用于遗产保护（Hong，2003）
	土地发展权转移	土地所有者向开发商或其他相关者出售土地发展权，开发商购得发展权后可以在指定地块增加建设强度
	土地发展权购买	与土地发展权转移类似，不同的是发展权购买通过公共资金完成（Diehl and Barrett，1988）
涉及土地税费的融资	房产附加税	对所有居民房产征收附加税，用于公共空间保护
	土地增值税	对土地增值部分收税，用于土地减值的补偿（Alterman，2012）
	开发影响费	对所有建设项目收取开发费，该费用专门用于开放空间、环境保护或农田保护（Burge and Ihlanfeldt，2006）
	税收减免激励	把土地所有者向信托机构捐赠的土地所有权或地役权视作慈善捐款，给予税收减免
涉及土地重划的融资	生态移民	生态移民是指将保护地内的原住民迁移出，并安置到就近的城镇（Ingram and Hong，2012）

注：空间管制是保护地融资的基础，因此本书以空间管制为基础，比较各种融资政策工具优劣。

2.5.1 保护地空间管制途径中融资的公平性

融资的公平性是指在保护地空间管制过程中所有的利益相关者的权利是否受到限制或干扰，如果是，是否得到相应的补偿。其中，利益相关者包括遗产地内居民、新增开发量的区域内的居民与开发商。对于上述三类利益主体，保护地空间管制途径可能都兼具公平性与不公平性，相较而言，土地发展权购买是相对公平的保护途径（表2.7）。

表2.7　保护地融资政策工具的公平性比较

保护地融资类别	融资工具	公平性	不公平性
融资基础	空间管制	公平的实现空间管制的土地利用目标	在没有补偿可能的情况下降低遗产地的发展价值
涉及土地权属的融资	土地征收	对保护地土地实行普遍整体的征收和管理	保护地土地原所有者很可能是被迫征收所有土地权利的
	长期公共租赁	客观地反映土地的价值变化	在初次土地征收时可能会有补偿的不公平
	土地发展权转移	保护地居民和开发商拥有选择是否参与的权利；遗产地居民得到补偿	遗产保护的义务强加给部分开发商；接收区的居民因建设强度增加而生活质量降低；有重新区划的可能
	土地发展权购买	保护地居民或保护行为直接实施者得到补偿	—
涉及土地税费的融资	房产附加税	由公民公投批准征税，代表公民的普遍保护意志	保护地资金来源并非都是土地增值受益的部分；反对法案通过的少数公民也可能被迫缴纳税费
	土地增值税	有效捕获所有土地外力增值	土地价值捕获的收益并不一定用于产生增值的被管制的保护地
	开发影响费	所有的开发都要承担保护的责任；保护地居民得到补偿	保护地居民和开发商没有选择是否参与的权利
	税收减免激励	保护行为直接实施者得到补偿	税收的减免额和减免方式衡量存在难度，可能造成补偿的不公平
涉及土地重划的融资	生态移民	总体开发权利保持平衡	保护地原住民有可能是被迫迁移

2.5.2　保护地空间管制途径中融资的效率性

融资的效率性以成本效益为衡量办法。保护地空间管制途径的效益指是否可以实现保护地永久保存，如传统的分区管制等方法只是临时性的保护，分区规划会因不同任期的管理者而有较大变化，因此保护地的空间管制只是推迟了开发而已。相反，在土地发展权转移项目中，保护地一旦确定参与土地发展权转移项目，则必须永远遵守不再建设的约定，这为地区遗产资源保护提供了更为确定的保障。

保护地融资途径的成本包括确定的经济成本和潜在的交易成本。经济成本是指利益主体是否需要额外的资金投入，如土地征收高度依赖政府的资金，对于开发价值较高的区域往往需要花费大量金额才能实现统一征收。而土地发展权转移可以不依赖税费、生态补偿、公共或私人基金等就可以达到大规模的保护。除此之外，经济成本还包括因项目实施带来的额外的社会公共成本，如生态移民使得保护地原住民被集中安置在远离保护地的县城。

交易成本非常重要却容易被忽视，其包括保护地融资的途径所需投入的时间和精力，如项目批准、内容登记、实施监管、文件存档、项目终止或追踪。

例如，房产附加税的征税法案正式实行之前，需要经过非常烦冗的公民宣传工作、全民公投环节，由于这是一项可能涉及多方利益的法案，社会各界主体（居民、房产商、社区、环境保护者）仅仅在公投这一个初始环节就需要花费大量交易成本，只有这样才能促成法案的具体内容确定，并得到大多数人的赞同。即使项目经州政府审批正式实施后，政府所需要做的附加税调整、债券发行和监督协调工作也是不可忽视的。如果法案实行效果不佳或者民众在实行期间有较大程度的反对和投诉，该融资法案还面临着实行五年后被弃用的"风险"。对于政府和环境保护工作者来说，这其实是一种无形的压力，会在法案实行过程中也以各种方式加大着他们的时间和精力投入。

传统的土地发展权转移项目的交易成本也是巨大的。项目要求同时确定发送区和接收区、土地发展权的分配、土地发展权转移门槛，上述决定不仅需要相互协调，而且其中任意一个决定都可能引发争议，如当接收区被划定在城市边缘时，即使通过土地发展权转移也没有超过社区总体规划的规定密度，接收区所有者也会反对。新城镇位置也会因推动乡村地区建设用地扩张而受到批评；土地发展权在发送区进行分配时，每一地块平均的开发价值可能需要根据其他社区支付的价格进行估算，但对于如何平均划定地块也是有争议的。如果门槛值高于接收区现有总体规划的规定，邻近地区会反对。另外，如果土地发展权转移门槛值比总体规划所规定的最大密度限制低，则开发者和接收区的土地所有者会反对。这些争论会耽误甚至导致土地发展权转移项目被取消（表2.8）。

表2.8　保护地融资政策工具的效率性比较

保护地融资类别	融资工具	收益持久性	成本	
			经济成本	交易成本
融资基础	空间管制	最差	最少	最低
涉及土地权属的融资	土地征收	最好	最多	较高
	长期公共租赁	较好	最多	较高
	土地发展权转移	最好	较少	最高
	土地发展权购买	最好	较多	较低
涉及土地税费的融资	房产附加税	最差	较少	最高
	土地增值税	较差	较少	较低
	开发影响费	较好	较少	较低
	税收减免激励	最好	较多	最低
涉及土地重划的融资	生态移民	较好	较多	较高

| 第 3 章 |　　保护地融资的理论框架

联合国教育、科学及文化组织于 1972 年在巴黎举行会议，制定了《保护世界文化和自然遗产公约》，为集体保护具有突出的普遍价值的文化和自然遗产建立了一个根据现代科学方法制定的永久性的有效制度（Rodwell，1972）。在世界遗产保护实践的四十余年间，世界遗产委员会不断修编《实施〈保护世界文化和自然遗产公约〉操作指南》，以适应新环境下遗产保护遇到的新问题（Meskell，2013）。在遗产保护的诸多核心议题中，保护地的专项资金投入一直颇受关注。尽管大部分世界保护地在列入《世界遗产名录》后，吸引保护资金的渠道和手段增多，但现实情况却是很多保护地仍面临资金短缺的困境（Galla，2012），保护资金严重不足已经成为广泛共识。现有专项资金供给零散且不连续，一方面，保护地空间管制尚未进入成员国国家顶层议事环节，因此在法律、政策、制度上缺少明确的支持手段；另一方面，保护地管理能力欠缺，管理者没有能力或者不愿主动拓宽资金来源渠道，即使有保护地资金来源的新机制出台，也缺乏对其进行有效监管、评估、规划和实施的专业知识（Jang and Mennis，2021）。

近年来，中国政府在自然与文化遗产保护事业方面付出卓有成效的努力，在近期的中央政策文件中，国家公园（实质是保护地）体制建设被提到前所未有的高度，相应出台的保证保护地专项资金投入的系列政策（如《关于健全生态保护补偿机制的意见》等）也逐步开始实施。与保护地专项资金保障实践不断探索相对应的是保护地融资理论研究的缺失，即使在保护地空间管制为何需要补偿这样基础的命题上也含糊其辞，大多数人也只能在两方面寻求解释：其一，遗产保护限制了遗产所有者的权利，因此需要给予利益补偿；其二，国际上，保护地空间管制都给予了配套的补偿措施，因此依据国际经验和遗产保护惯例，我国也需要建立遗产保护补偿机制。然而这样苍白的解释显然不利于我们对遗产保护的认识，首先，即使参照国际经验，管制行为属于警察权（police power），是防止社会公害和增进社会福利的必要手段，因此政府以保护公共福利为由而限制财产使用的管制行为并不一定需要补偿；其次，在我国土地公有制背景下，集体土地尚有相对明确的补偿对象，而保护地内国有土地的补偿归属则非常模糊；最后，需要明晰的是，国际上对保护地的补偿究竟是在宪法框架下征收而强制补偿的，还是在合理管制情况下，为了缓和被限制主体抵触情绪而给予的象征性经济安抚，二者有本质的区别。

若将问题扩大至遗产保护的补偿由谁负担，补偿的形式和机制如何设计等方面，理论研究的匮乏更加凸显。因此本章提出保护地利益还原融资的概念。保护地利益还原融资是指因保护地空间管制而产生的土地利益改变进行还原，包括保护地因保护而利益受损获得补偿和因保护地空间管制而土地增值需要额外负担。本章在论述保护地空间管制补偿与负担基础上，解析现有遗产保护融资的不同手段，并在土地发展权的解释框架下，提出我国保护地融资的理论模型。

3.1 保护地空间管制的法理基础

无论是世界遗产还是国家遗产，都可以通过遗产品牌吸引大量游客、创造经济利益，为其所在地区和国家的经济做出重大贡献。因此，地方政府、保护地管理者和保护地居民都有开发遗产资源的冲动，体现在两个方面：①保护地很多处于较为偏僻落后的地区，居民生活水平普遍较低，他们希望通过建设基础设施、增加商业网点和改善公共保障设施来提高生活质量；②保护地内的建筑可能年代久远，设施落后，建筑所有人希望通过改变房屋样式，改建或重建以改善居住条件，或是改变文物建筑用途以期增加收益。不管针对哪种开发驱动，保护地都需要严格的空间管制，以确保遗产本体得以保护、遗产资源免遭破坏。因此我们关注的问题是，保护地空间管制的本质是什么，是否已经构成征收行为，或者说仅是保护公共利益的管制行为？这是保护地空间管制是否应该得到补偿的关键议题。

3.1.1　保护地空间管制与征收征用

《中华人民共和国宪法》第十条第三款规定，国家为了公共利益的需要，可以依照法律规定对土地实行征收或者征用并给予补偿。第十三条第三款规定，国家为了公共利益的需要，可以依照法律规定对公民的私有财产实行征收或者征用并给予补偿。以上两款共同形成了《中华人民共和国宪法》的征收条款（张千帆，2005a，2005b）。《中华人民共和国土地管理法》也沿袭了《中华人民共和国宪法》中关于征收征用的表述。

政府的财产征收权属于主权中所固有的一项权限，征收条款并非赋予这一权限，只不过是规定了其行使的条件而已，其中最重要的条件就是征收必须补偿（林来梵，2003）。因此有少数学者认为，保护地空间管制已然是国家在行使征收权：国家为了公共利益而强制实行，严重限制了私人自由使用土地，很可能造成土地所有人较大的经济损失，因此构成征收行为，应对保护地所有人给予经济补偿（唐小平，2014）。更多的学者认为，保护地空间管制并没有征收土地，而是征用土地，仅仅是限制了所有权人自由使用和开发土地的权利，也应该通过经济补偿使得征用行为合宪（郭冬艳和王永生，2015）。综上，不管是征收还是征用，都应按照《中华人民共和国宪法》规定给予保护地所有者以补偿。上述两种观点都存在对法律条款的误读。

首先，土地征收的法律结果是所有权发生改变，土地由集体土地转变为国有土地，而我国保护地空间管制并没有强制土地所有权的性质发生改变，当然其也无权行使征地权力。在我国，农转用必须同时满足土地利用总体规划、土地利用年度计划和城乡总体规划在空间与时序上的限定，我国保护地的空间管制所依托的空间规划（如风景名胜区规划等）是土地利用规划和城乡总体规划的下位规划，如《风景名胜区规划规范》中明确提出风景区规划应与国土规划、区域规划、城市总体规划、土地利用总体规划及其他相关规划相互协调。因此保护地空间管制没有也不能有土地征收。

其次，认为保护地空间管制属于土地征用范畴的观点是对"土地使用权"内涵理解的偏差：该观点认为国家为了公共利益，征用土地的"使用权"以作"遗产保护"用途。在我国，城市土地归国家所有，农村土地归集体所有，保护地居民虽然不是土地的所有者，但实为用益物权人，依法享有占有、使用和收益的国家或集体所有的不动产或者动产的权利。遗产保护过程中，用益物权人仍然可以享受原本就享有的各项权利，农民仍然可以在农田耕作，也仍然可以在宅基地上的建筑居住。因此这个观点的问题在于，"遗产保护"并非实质性用途，与土地原始用途也并不矛盾。另外，保护地的保持原有用途本身就是遗产保护的初衷。若说保护地因为空间管制而受限的权利，其实是土地发展权，而土地发展权向来也非用益物权人固有的权利，在我国更是一直保持隐形国有。因此，空间管制过程也并没有土地征用行为。

虽然土地征收条款规定了征收或者征用应给予补偿，但综上分析，我国保护地空间管制并没有构成土地的征收或征用，以此论证保护地空间管制需要补偿显然是不合情理的。

3.1.2 保护地空间管制与产权限制

空间管制的权力在中国实定法上并没有一个特别的术语，无补偿的单纯的权利限制却在各种法律制度中大量存在，如《中华人民共和国自然保护区条例》第三十二条规定，在自然保护区的外围保护地带建设的项目，不得损害自然保护区内的环境质量；已造成损害的，应当限期治理。

在大陆法系，经常使用"所有权社会责任"（social obligation of

property rights）表述财产权的正当限制；在英美法系，特别是美国，更多使用的是"警察权"（police power）这一概念（王洪平和房绍坤，2011）。前者注重财产权的天然性社会义务，后者更注重国家的主动性管理权力，但二者都解释了财产权为什么会有所限制而非绝对。

在美国的财产法领域，警察权有其特定的三个层次的含义（Black et al.，1999）：首先，警察权是政府必要的基本权力；其次，警察权是政府对私有财产权的行使予以干涉的权力；最后，警察权是主权国家为了维护公共安全、秩序、健康、美德、正义而制定的权力。警察权的行使必须被限定于增进公共福祉，或者换句话说，阻止引发公共损害（public injuries）。根据警察权，地方政府可以对某人财产权的行使予以限制，如规划立法；或者对某人的营业行为予以限制，如环境管制。参照警察权的含义，保护地空间管制完全可以界定在警察权的权力范围内。

即使采用大陆法系所有权社会责任的解释框架，仍会得出同样的结论（王桦宇，2013）。进入现代社会后，财产权规范开始承担社会利益分配与协调的功能，也就是"形塑社会秩序的功能"（英格沃·埃布森和喻文光，2012）。这意味着，虽然原则上个人对其财产权仍然有自由使用、支配、处分的权限，但财产权的行使，也需要同时有助于公益，财产权的绝对性开始受到限制，财产开始受到越来越多的社会约束（张翔，2012）。也就是说，保护地所有者本身负有一定的社会义务，其中就包括保护自然生态和历史文化遗迹。

综上，无论在哪个解释框架中，保护地空间管制似乎都可以归到产权限制范畴，从而不需要任何补偿。但是，在现实中，警察权与征收权的界限并非泾渭分明，因为政府可能对私人的财产采取非常严厉的管制措施，从而造成财产价值的大幅贬损，这种管制措施也可能会构成征收——管制性征收（刘连泰，2015），在司法实践中早已得到了确认（图3.1）。然而警察权与管制性征收的界限一直非常模糊，在整个美国司法历史上，二者之间的界限也多次摇摆。霍尔姆斯大法官提出"管制走得太远"（go to far），它就构成了征收，这个论述对在此之后的司法判决有着重要影响（彭涛，2016），但他并没有具体说明何种情况属于"管制走得太远"的情形。在卢卡斯诉南卡罗来纳海岸委员会一案中，斯卡利亚大法官认为虽然霍尔姆斯大法官没有给出明确的判断标准，但有两种情形一定要补偿。一种是对财产的物理性介入；另一种则是剥夺了经济上全部的有益利用。但史蒂文斯大法官在本案中明确反对这样的界定方式，他认为土地失去全部价值就予以全面补偿，但如果失去部分价值则完全不予以补偿，这种规则具有过大的绝对性。

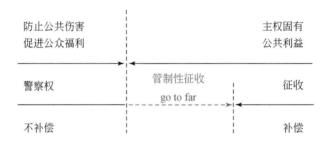

图 3.1　征收、警察权与管制性征收范围示意

在之后的各项相关判例中，管制性征收的界定时紧时松，并没有形成固定的标准。由此可见，保护地空间管制是否需要补偿，并不能从这个角度寻求合理的、具有说服力的解释（表 3.1）。

3.1.3　保护地空间管制与公共负担平等

相较于上述学说或观点，大陆法系中提出虽然所有权应担负社会责任，但国家福利主义者也认同必要的限制与防范公共负担的行使。因此，基于这样的限制与防范的制度，对财产的特别限制必须予以补偿，它和"公共需要"标准共同构成了对权力征收行为的限制（何渊和徐键，2006）。

公共负担平等主要是通过税务平等和特别财产限制的补偿来具体实现。其中，特别财产限制的补偿针对的是部分社会成员承担了额外

表 3.1 美国有关空间管制的判例举证

时间	判例	案情描述	空间管制的性质	
			警察权	征收权
1922 年	宾夕法尼亚煤炭公司诉马洪（Pennsylvania Coal Co. v. Mahon）案	原告马洪起诉宾夕法尼亚煤炭公司，阻止该公司在他们的房屋下进行采矿。该房屋最初是由宾夕法尼亚煤炭公司出售，但宾炭公司保留了可以在地下进行采矿的权利，即使房主会使土地丧失支撑而导致无法居住。在知道煤炭公司拥有保留权利的情形下，原告马洪买下了该财产		●
1926 年	安普乐房地产公司起诉欧几里得（Euclid v. Amber Realty Co.）案	安普乐在欧几里得村拥有 68acre 不动产，该村为了防止工业化的发展趋势，制定了分区区划，对安普乐的不动产，高度和面积进行了严格限制，从而阻碍安普乐开发工业用地。安普乐房地产公司起诉村庄，认为分区区划大大降低了土地的价值，相当于剥夺了他们的自由和财产	●	
1962 年	戈德布莱特诉普普斯特德（Goldblatt v. Hempstead）案	戈德布莱特在纽约普普斯特德拥有 38acre 的土地。他的公司一直在该地点开采砂石，后 1958 年，普普斯特德修改规定，禁止在地下水位以下进行挖掘，并要求在该水平以下挖掘回填，戈德布莱特认为该规定妨碍了他的公司疏浚和挖坑，损害了他的财产权	●	
1972 年	贾斯特诉马里内特县（Just v. Marinette County）案	贾斯特在马里内特县的通航湖泊购买了沿岸的土地。后该县颁布了海岸带分区法令，要求有条件使用：即在通航水域 300ft* 以内的湿地上的建筑物占地少于 500ft*，或在 12% 的斜坡上房屋面积少于 2000ft²。贾斯特认为该规定大大降低了财产的价值	●	
1976 年	弗莱德法国投资公司诉纽约市（Fred French Investing Company, Inc v. City of New York）案	纽约规划委员会将两块原本规划为公寓建筑用地的地块重新规划为特别公园区域，同时允许土地所有人转让这两块土地的开发权到纽约该市的其他地块上。这两块土地原本是私人公园，其所有人准备在这两块土地上修建建筑物，弗莱德法国投资公司认为纽约的规划委员会的重新规划行为构成征收并以此为由发起诉讼		●

续表

时间	判例	案情描述	空间管制的性质	
			警察权	征收权
1978年	宾夕法尼亚中央运输公司诉纽约市（Penn Central transportation Co. v. New York City）案	纽约中央车站的所有人宾夕法尼亚中央运输公司准备利用中央车站上方空间修建办公楼，这个建设计划必须得到地标委员会的批准，但是地标委员会否决了这个建设计划。虽然宾夕法尼亚中央运输公司认为让中央车站未利用的开发权被无偿地征收了，但它仍然提起诉讼，认为它的土地被无偿地征收了，同时政府的行为违反了宪法修正案第十四条的正当程序要求	●	
1992年	卢卡斯诉南卡罗来纳海岸委员会（Lucas v. South Carolina Coastal Council）案	南卡罗来纳法律规定，为了防止沿海岸线侵蚀的影响，可把邻近海岸线的一定范围的区域划为保护区，禁止在保护区内建造住宅性质的建筑物。卢卡斯所拥有的土地恰好位于保护区内，他认为政府的规制行为是没有补偿的征收，因此向法院提起了诉讼		●
1997年	休特姆诉塔霍湖区域规划局（Suitum v. Tahoe Regional Planning Agency）案	休特姆夫妇在内华达州购买了一块土地，用于建造退居住的房屋，后发现该土地被划定为河流流域环境，由于塔霍湖区域规划措施已经被限制开发，这些可转让土地开发权可以被转让到河流流域环境土地上，但休特姆的可转让土地开发权可以被转让到该土地在该土地以外的其他土地上。于是她以违反正当程序和征收为由，向法院提起了诉讼		●
1987年	诺兰诉加利福尼亚海岸委员会（Nollan v. California Coastal Commission）案	诺兰在加利福尼亚文图拉县拥有海滨场所，想要获得政府的建设许可，政府同意给予建设许可，即附加了一个条件，即要求给予公众穿越海滩的通行役权。诺兰认为政府附加的条件无效，因此上诉至最高法院		●
1994年	多兰诉泰格德市（Dolan v. City of Tigard）案	多兰向泰格德市申请建设许可证，以扩大自己商店并为停车场铺平道路。城市规划委员会批准了有条件的许可，即多兰需要将一部分土地出让以作沿河的公共自行车道，并建设一条行人和自行车道，以减轻交通拥堵		●

* 1ft=0.3048m。

公共负担，需要通过公共资金进行补偿，实现负担上的平等（徐键，2007b）。公共负担平等是对所有权社会责任的回应，虽然所有权者负有公共负担是毫无疑问的，但是公共负担被施加于个别所有权人，则违反宪法的平等精神。由于人性的趋利性，普遍财产限制孕育了民主权利，但特别财产限制可能会成为民主的牺牲品，结果可能导致"多数人的暴政"。在利己主义者利益争夺时，从公共决策与选择角度来说仍然存在"搭便车"者。这也是法治国家多从宪法层面对特殊财产限制进行控制的原因。公共负担平等原则可能更适用于解释保护地空间管制是否需要补偿的论证。

公共负担平等后来逐渐发展为特别牺牲理论，即对特定人在个案中财产利益的个别侵犯（杜仪方，2016）。该理论特别强调管制性征收是对"平等原则"的违反，如果是财产权的社会义务所形成的限制，则是对一切相关财产的普遍性限制，这从一定程度上来说是平等的。而管制性征收则是针对少数人财产的限制。由于是少数人为了公共利益而做出牺牲，出于"利益均沾则负担均担"的原则，就必须由国家对"特别牺牲者"予以补偿。

具体到遗产保护领域，保护地的居民是如何承担了额外的社会责任呢？如前言所述，如果说保护地的居民因遗产保护而被限制了开发土地的权利，并不能说其负担了不平等的社会责任，因为所有土地都受制于空间管制限定的用途和强度，这并不是"额外负担"。那么保护地土地所有者究竟是受到何种制约才担负起特别的社会义务呢？这就要区分私法权利与公法权利。私法权利和公法权利的区别在于，前者来源于私法，只需由国家确认和保护即可；后者则是来源于公法或由行政机关根据法律赋予公民。因此，空间管制是对土地私法权利的限制，是所谓"一束权利"中的使用收益权的限制。土地公法权利是指"规划上的土地开发权"，又可称为"公法上的土地开发权"，是基于政府的规划行为设定容积率而产生的，与私法上的"一束权利"没有任何关系。因此，保护地的空间管制是否对所有者构成了额外的负担，是要看政府管制限制开发行为是否对"私法上的土地使用权"限制，至于这种限制是否构成征收，则要视侵害程度而定（黄泷一，2013）。

然而，这样的区分方法的难点是"私法上的土地使用权"与"公法上的土地开发权"如何准确界定。在其他国家，对土地使用做任何改变也并不都属于"公法上的土地开发权"的范畴。英国规划法存在所谓"被允许的用途"（permitted use），如对已有房屋进行限度内改扩建、添加烟囱、门廊等，这种使用改变无须申请规划许可。在此意义上，这部分土地发展权被留在所有权人手中，故英国规划法又称为"被允许的发展权"（permitted development rights）（Council，2011）。美国规划法的分区限制将土地使用分为两类：一类是"当然用途"（as-of-right use），另一类则是"附随用途"（accessory use）（Wolf-Powers，2005；Hirt，2007）。前者是分区法规确定的主要用途，不经政府许可不得改变；后者则是次要用途，改变无须政府许可。与此类似，德国法的 F 规划（Flächennutzungsplan，土地利用规划）和 B 规划（Bebauungsplan，营建规划）从两个层面规定了某地块的用途，对此改变均需获得规划许可（planfeststellung）（Kleyn and Viljoen，2010），但同时也有"规划例外"（genehmigungsfreistellung），即无须许可的开发建设。法国规划法也区分需要申请"建设许可"（permis de construire）的开发建设和无须许可的小于 $5m^2$ 的改扩建（Booth，2003a，2003b）。由此可见，"被允许的发展权"、"附随用途"和 B 规划既可以当作公法上的开发权，也可以当作土地所有人在私法上的使用权，其间很难明确的界定，区分公法意义上的发展权与私法意义上的使用权一直是理论研究和实践过程中的难点，原因是以往的讨论从未区分作为空间或载体属性的土地，与作为产品的土地上的建筑物，这一点将在3.2节进行详细讨论。

因此，需要换一个思路来判定保护地居民是否被施加了特别负担，即分为两部分论述：①保护地土地所有者是否在"公法上的土地开发权"上受到更严苛的限制；②在"私法上的土地使用权"上是否相比保护地外的所有者承担了更多的社会义务。如果保护地空间管制过程中，保护地所有人负有保护遗产资源的社会义务，但是这是强加于少数的公共负担，保护地居民在这种关系中变成了一个牺牲者，被公共利益强加以负担，所以对他们的补偿也就必须由社会公众来承担。因此通过向受益人代表，即国家诉求补偿，实现调节性平等，换句话说，补偿是特别财产限制平等负担的实现形式。

3.2 保护地融资的对象

3.2.1 公法上发展权的受损

现有公法土地发展权的界定主要有狭义和广义两个维度。从发展权拥有者能在土地上从事何种活动角度出发，侯华丽和杜舰（2005）认为土地发展权是将土地变更为不同使用性质的权利；王小映（2002）将之细化为农地转为建设用地进行开发利用的权利。这是狭义的土地发展权，仅指改变用途特别是农用地转用。王万茂和臧俊梅（2006）提出更为广义的土地发展权，既包括变更土地用途，也包括改变土地原有集约度。胡兰玲（2002）认为土地发展权是对土地在利用上进行再发展的权利。根据再发展的内涵，土地发展权又可细分为空间建筑权和土地开发权两类。从内含权利类型角度给出的一般性定义，无论是广义还是狭义，基本都借鉴了外国资源，如包括土地用途改变和利用强度提高的广义土地发展权，与英国 1947 年《城乡规划法》的界定相同；而仅指用途改变特别是农地转用的狭义发展权，则是《韦氏词典》所下的定义。

"土地发展权"作为舶来品，其英文为 land development right，在我国，部分学者将其翻译为"土地开发权"。相较"土地开发权"和"土地发展权"，前者更准确。原因有二：①在中文的语言习惯中，一般有"发展经济""发展教育事业"等说法而甚少有"发展土地"的说法；②"开发"一词更能中性地表达改变土地利用现状的活动，而这些活动并不必然带来土地价值的提高，即发展。暂且不论是主流的中文文献采用"土地发展权"，还是更为贴切的"土地开发权"，关注的焦点在于"发展"的内涵和界定，对于其中"土地"的指向并未有过多的争议。然而，"土地"本身也具有一定程度上的误导：这时候的"土地"具体指什么？

"土地"一词本身是抽象的且宏观的，可能导致外延的无限扩大：法律上的土地仅是指人类可能管辖的地表、地下和地上及地上附着的一切自然物与自然力；地理学对于土地的理解，更接近联合国粮食及农业组织（Food and Agriculture Organization of the United Nations，FAO）关于土地的界定，而在实际研究中，更多是把土地看作地理要素之一。《大不列颠百科全书》《辞海》等都认为"土地"是人类可以利用的天然生成物，与森林、草场、矿床等一同作为自然资源。多样且含糊的"土地"定义为"土地发展权"本身的界定带来不便。"土地发展权"中的"土地"与作为自然资源的"土地"是否是同一属性呢？

自然资源是指人类可以利用的天然生成物，以不同类型的国土空间为载体：水流、森林、山岭、草原、滩涂、海洋、矿藏等主要依附土地、水（淡水）、海洋（海域）三类空间母体（或载体）。由此自然资源利用分为自然资源开发和自然资源生产，二者属于不同的行为，前者以载体利用为目的，后者以产品生产为目的。根据国际上的研究经验以及中国学者关于土地发展权的界定，土地发展权是指土地用途的变更（如农转用）或土地开发强度的变化（如容积率提高），主要围绕建设用地和非建设用地的用途转化及建设用地的利用强度变化来进行界定，可以理解为一种传统意义上的土地发展权认知。

与此同时，前面分析也表明，"土地发展权"中的"土地"并不能简单等同于森林、草原和滩涂等自然资源，此时的"土地"作为自然资源的载体，更多的是其空间属性。因此，土地发展权的形成以及表征在更广泛意义上，主要反映为"空间使用用途的变化"的权利和"空间利用强度的变化"的权利。

在中国，尤其是在推进生态文明建设和加强保护地管理的背景下，有两个现实的问题值得思考：①在现有的土地发展权的定义中，"空间使用用途的变化"一般是指农用地转变为建设用地，那么就有问题，即不同类型的农用地间用途相互转换的权利，如林地转变为耕地，是否也属于土地发展权的范畴？那不同类型的建设用地间用途相互转换的权利呢？②暂且不论"空间使用功能的变化"，仅就"空间利用强度的变化"而言，也不禁值得追问，建设用地存在土地开发强度的变化，非建设用地（如林地、草地等）是否也存在开发强度的变化？针对不同的自然资源，都有相应的术语用来表述其"开发"强度，如森林砍伐量、草原载畜量等，这些概念是不是就等同于建设用地的容积率呢？换言之，土地发展权的外延能否进一步扩容？从传统意义上仅围绕建设用地做文章，进一步拓展到非建设用地内部的空间管制上？

为此，本章接下来的内容将针对上述两个问题详细讨论。深入辨析土地发展权的内涵和边界，是确定空间管制导致保护地利益受损程度的主要标准，也是国家实施第一层融资的核心依据。因此本章将在探讨"空间使用用途的变化"和"空间利用强度的变化"的基础上，指出现有以生态补偿为主的第一层融资的问题，从而明确保护地空间管制第一层融资的责任主体。

空间使用用途的变化是土地发展权最为基础的定义内容。英国现行的 1990 年的《城乡规划法》第五十五条将"land development"界定为：在土地上进行建设、工程、采矿或其他工程，或对土地或建筑用途做出实质性改变。在美国，学者将土地发展权界定为"改变土地现用途为其他用途的权利"。针对上述的第一个问题，农用地和建设用地的内部用途转变的权利是否也属于土地发展权的范畴尚未有明确答案，因此土地发展权的权利边界也尚属模糊。如何界定"空间使用用途的变化"呢？这需要回溯到土地发展权概念产生的初始，重新解读英国土地发展权出现的背景。

英国 1947 年的《城乡规划法》是英国现代土地管理制度的起点，

其第三章第十二条规定任何土地开发均应获得政府许可，被视为土地发展权国有法律制度的开端（林坚等，2017b）。但是要理解这部法律，首先需简要回顾英国之前的土地管理制度。作为先发工业国，为解决高速工业化和城市化带来的土地利用低效和无序问题，英国通过 1909 年的《住房与城镇规划诸法》建立了最早现代土地管理制度，开启了现代规划和开发控制法律制度（Booth，2003a，2003b），随后 1919 年的《住房与城市规划诸法》和《征地法》、1932 年的《城乡规划法》、1942 年的《厄斯瓦特报告》（Uthwatt Report）不断完善了英国土地管理制度，最终促成了土地发展权制度的确立（表 3.2）。

表 3.2　英国土地发展权的确立过程

法规	地方政府是否制定规划	规划范围	建设许可	征地补偿	融资
1909 年的《住房与城镇规划诸法》	自行决定	不包括建成区和乡村，只针对城镇	无须提前申请开发或建设许可	主观价值	受损补偿、受益对半分享
1919 年《住房与城市规划诸法》*	人口超过 2 万的城镇必须针对未开发区域制定规划	同上	同上	市场价值	同上
1932 年《城乡规划法》	允许但不强迫	覆盖国土全境	同上	同上	政府收取 75% 的土地增值
1947 年《城乡规划法》	强制义务	同上	必须申请	现有用途价值	政府收取 100% 的土地增值

　　*1919 年的《征地法》作为补充。市场价值即自愿卖家在公开市场上期待实现的价值。实践中，市场价值通常界定为"收益最大的潜在用途"下的价值。

　　通过表 3.2 可以看出，1947 年的《城乡规划法》，英国形成了规划全域覆盖、开发许可申请、征地现状用途补偿、土地增值归公的土地管理体系。根据彭錞（2016）研究，该法实际上并非土地发展权制度的起点，真正的理论和思想基石须回溯到 1942 年的《厄斯瓦特报告》。这份奠基性的文件首次详细阐明了英国的土地发展权概念、1947 年国有化发展权的动因与考虑以及土地增值收益分配机制的设计思路，并沿用至今。那么 1942 年的《厄斯瓦特报告》缘何提出"土地发展权"制度呢？其现实背景和制度目标是什么呢？

两次世界大战之间的 20 余年见证了伦敦房屋数量激增 50%。大伦敦地区人口总数从 400 万跃升至 600 万，其中 125 万是移民（Cullingworth and Nadin，2002）。这使得英国当时土地管理出现两大问题。

1）地方政府不能有效引导或修正土地利用和开发，导致城市无序扩张且管理混乱。由于政府不能有效引导和空间城市土地开发，城市建成区不堪重负，建成区交通拥堵、居民住房供应不足、绿化带和公园空地等社区设施的匮乏、道路交通系统混乱（Orlans，2013）。在市场力量支配下，出于便利运输、节省成本的考虑，大量新建成区沿主干道修建，很快又造成严重的农地流失、交通不畅等问题。虽然 1935 年出台了《限制带状发展法》（Restriction of Ribbon Development Act），但收效甚微。

2）地方政府面临严重的财政困难，不能获取城市发展带来的土地增值收益，因此无法有效控制无序开发。在 1942 年之前，规划造成土地贬值，地方政府需要基于"收益最大的潜在用途"的市场价值为基础补偿土地权利人潜在收益损失，导致在两大地价变化机制——价值漂浮①和价值转移②之下，这样的补偿制度给政府以规划和征收手段管制土地开发带来巨大的财政困难。

那么如何解决上述困境呢？《厄斯瓦特报告》起草委员会对比了三种解决途径，即土地所有权国有化、土地复归权国有化和土地发展权国有化。土地所有权国有化政策固然在理论上站得住脚，一方面，

---

① 由于对城市扩张的管制，实际开发完全可能"落"在其中任何一片土地上，其他地块所有者便都有权要求政府补偿其丧失的潜在土地开发收益，在其落地之前，一旦限制性规划决定做出，各地块所有者就可以同时、分散地向地方政府求偿，这无疑会造成计算补偿数额时出现"估值过高"，即所有人声索的补偿额加在一起，必然超过将来某一时刻实际开发所能兑现的收益。

② 价值转移是指规划控制或征地会增加某些土地的价值，减少另一些的价值，但不会消灭土地价值。由于价值转移下的土地涨价不是立刻实现的，政府只能在将来才有机会收回增值，但必须马上补偿跌价，这导致政府的财政压力和风险。土地涨价原因众多，很难确定规划导致的增值。

解决了价值漂浮问题，因为国家有权管制自己所有的土地，无须补偿；另一方面，解决了价值转移麻烦，无论土地因规划管制而增值或减值，最后都归于所有者国家那里。但土地所有权国有化实际操作却会遇到三大障碍：第一，政治争议太大；第二，第二次世界大战后政府缺乏资金购买全国土地的所有权；第三，国家行使土地所有权必然要求建立一套繁复的行政机器，这会导致更多问题。土地复归权国有化法律的含义是英国境内的私人土地所有权统一转变为租赁权，原所有者变成国家的租户。同土地所有权国有化相比，避免了国家统一管理扼杀私人和市场配置土地资源的自主性，但是将如何处理租期届满后的问题留待未来，不确定性极大，不利于私人和市场形成稳定预期。

最终，《厄斯瓦特报告》转向土地发展权国有化的方案。土地发展权国有化又是如何解决无序开发和政府财政困难两个问题的呢？首先，土地发展权国有化的确切法律含义是指土地原所有者其他一切权利照旧，但开发土地面临普遍性禁止，土地管理制度从自由竞争向国家管制，任何土地开发都需要遵循地方政府编制的规划，开发前需得到政府许可，因此保证了快速的城市扩张过程中土地有序开发。其次，中央政府设立补偿总基金，根据评估的各地块发展权价值，按比例切分补偿土地所有者，且不允许所有者单个、分散地主张补偿和开发申请受阻时索要补偿。政府直接收费即土地增值税，税率确定为土地涨价的75%，虽然之后多有调整，但基本奠定了政府捕获土地增值收益的制度。

由此可见，土地发展权的产生是为了有效解决土地有序开发和政府捕获土地增值收益两个问题。半个多世纪以来，《厄斯瓦特报告》对上述问题的阐释始终未被推翻，世界各国的土地发展权的实践也多为解决上述两个问题。因此，回到关于土地发展权的第一个争论：在"空间使用用途的变化"中，不同类型的农用地间用途相互转换的权利，如林地转变为耕地，是否属于土地发展权的范畴？那不同类型的建设用地间用途相互转换的权利呢？

首先，非建设用地间的用途变更可以纳入土地发展权的概念中，原因有二：①非建设用地中的林地和草地等多数原生的自然资源分布是由气候、土壤等自然环境决定的；而耕地等人工种植的自然资源一部分是成百上千年的劳作形成的，但更多的是现在农业开发形成的；也就是说，非建设用地可能并不是遵循自然规律的，人类可以依据需求大面积开垦农地，因此，对于农用地间的土地变更，将导致农用地无序开发的问题。②农用地中的耕地、林地和草地等，土地价值也有一定差异，这个差价对于农转用而言微乎其微，但对于农民来说仍然是不小的差价，因此有必要对此增值实施捕获。

其次，城市内部土地用途的变更一定要纳入土地发展权的概念中，原因也有二：①《城乡规划法》第十七条规定城市总体规划、镇总体规划的内容应当包括城市、镇的发展布局，功能分区，用地布局，综合交通体系，禁止、限制和适宜建设的地域范围，各类专项规划等。也就是说，城市内部土地用途对空间布局有着直接的影响，要实现城市土地有序开发，必然需要对土地用途变更加以控制。②城市内部土地用途的价值相差甚远，以 2017 年第三季度为例，全国商服用地平均为 7164 元/m²，住宅用地为 6359 元/m²，工业用地为 799 元/m²。巨大的土地价值差异必然会刺激土地用途变更，因此其中的价值捕获势在必行。

综上，作为对传统意义上的土地发展权的拓展，土地发展权中的"空间使用功能的变化"包括：①农业用途转为非农业用途；②农用地内部用途的变更；③建设用地内部土地用途的变更。

"空间利用强度的变化"也经常被认为是土地发展权的定义内容。例如，纽约的《一般城市法》第二十条定义为"根据分区法规或地方法规，在某片、块或区域的土地上允许实现特定用途、范围、强度、容量和建筑物高度等的权利"。针对上述第二个问题：在"空间利用强度的变化"中，建设用地存在土地开发强度的变化，非建设用地（如林地和草地等）是否也存在开发强度的变化？针对不同的自然资源，都有相应的术语用来表述其"开发"强度，如森林砍伐量、草原载畜量等，这些概念是不是就等同于建设用地的容积率呢？

一方面，非建设用地开发量和建设用地的开发强度有相似之处：二者都是国家行政权力空间管制的产物。以森林为例，《中华人民共和国森林法（2009年修订版）》第三十五条规定"采伐林木的单位或者个人，必须按照采伐许可证规定的面积、株数、树种、期限完成更新造林任务，更新造林的面积和株数不得少于采伐的面积和株数"。同样，《中华人民共和国城乡规划法》第三十八条规定"在城市、镇规划区内以出让方式提供国有土地使用权的，在国有土地使用权出让前，城市、县人民政府城乡规划主管部门应当依据控制性详细规划，提出出让地块的位置、使用性质、开发强度等规划条件，作为国有土地使用权出让合同的组成部分。未确定规划条件的地块，不得出让国有土地使用权。"由此可见，森林的"林木采伐许可证"与建设用地的"建设用地规划许可证"是相似的，城市建设开发强度和林地采伐强度都受到政府严格管制，必须获得相应的许可才可以实施。

另一方面，非建设用地开发量和建设用地的开发强度有着本质区别。首先，建设用地的容积率针对的是"载体"，也就是"土地"；而以"采伐量"为例的非建设用地强度限制针对的是"产品"，也就是"林木"。换句话说，"采伐量"所限制的是林木（产品）所有权（用益物权），包括对林木的使用、收益和处分等权利，而"容积率"所限制的是建设用地（载体）开发的权利，也可以说是载体所有者被剥夺的使用权。因此二者针对的对象不同。其次，虽然"容积率"受到控制性详细规划的约束，但其本身并没有上限，只要配套足够的基础设施和先进的工程技术水平，容积率可以不断增加；而"采伐量"却有上限，因为一片林地的林木总量是有限的。

那么问题来了，既相似又有着本质区别的非建设用地开发量和建设用地的开发强度到底有着什么关系？这涉及非建设用地载体与产品相互依赖的特性。在建设用地上，房屋的使用并不会对容积率有影响，也就是产品的所有权（包括使用、收益、处置等）不会影响载体的开发权。但是在林地上，林木所有权的兑现，同时也是发展权的实现。仍以林地为例，林木砍伐是森林所有者正当权利，当没有"采伐量"

限制时，森林所有者可以采伐全部林木，然而这时林地也不再是林地，而变为了荒地。由前文可知，空间使用功能的变化属于土地发展权的范畴，因此对于自然资源的管制，如森林采伐、草地畜牧等行为，既是对产品所有权的限制，也是对载体发展权的限制。

综上所述，我们可以用图 3.2 来反映随着对土地开发管制的放宽，土地发展权的兑现，也就是土地价值的变化。图 3.3 反映了资源产品随土地开发带来的剩余所有权价值的变化。在空间管制框架下，权利人的利益受损既有作为载体的土地发展权受限导致的损失，也有作为资源产品所有权受限导致的损失。

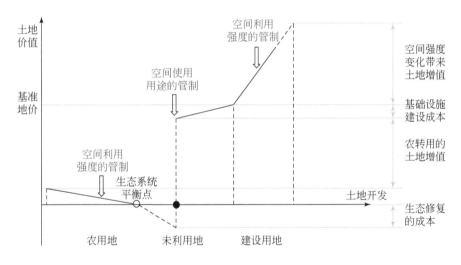

图 3.2　土地开发对土地价值的影响

特别需要注意的仍有两点：①土地发展权中的"土地"和土地有偿使用中的"土地"并不是同一个概念。按照《新增建设用地土地有偿使用费收缴使用管理办法》，对成片转用土地，以批准面积为基数，以城市分等定级为依据，征收土地有偿使用费。由前文可知，空间具有功能和强度两个属性，新增建设用地土地有偿使用费既不考虑建设用地的用途，也不考虑开发的强度，因此，此时的土地并不是"载体"，而是"产品"。土地发展权中的"土地"毫无疑问指的是"载体"。②在发展权方面，土地作为载体和水域作为载体有着显著的区

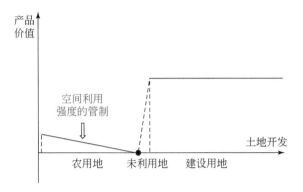

图 3.3 土地开发对产品剩余价值的影响

别。对于土地（建筑用地）而言，发展权是指土地开发、房屋建筑，也就是对空间的利用；对于水域而言，发展权不能说是水工建设，而应该是水域排污。森林的采伐量和草原的载畜量对应的是水域的取水量，因此对水域空间排污的管制是对载体发展权的限制；对取水量的管制是产品所有权的限制；对捕捞量的管制同样是产品所有权的限制。

3.2.2 私法上所有权的受损

《中华人民共和国宪法》、《中华人民共和国物权法》和《中华人民共和国民法典》中列举出的自然资源类型主要有矿藏、水流、森林、山岭、草原、荒地、滩涂、海域、土地，其主要以自然资源形态为描述形式。在实践管理过程中，资源部门依据《中华人民共和国土地管理法》、《中华人民共和国农村土地承包法》、《中华人民共和国森林法》、《中华人民共和国水法》和《中华人民共和国矿产资源法》等现行自然资源单行法实施行政行为，其所管理的自然资源类型主要包括水资源、矿产资源、森林资源、草原资源、海洋资源、滩涂资源、土地资源、渔业资源、气候资源（表3.3）。

表 3.3　法律涉及的自然资源类型

单行法	单行法类型	三法类型	宪法、民法和物权法
《中华人民共和国水法》	水资源	水流	《中华人民共和国宪法》《中华人民共和国物权法》《中华人民共和国民法典》
《中华人民共和国矿产资源法》	矿产资源	矿藏	
《中华人民共和国森林法》《中华人民共和国农村土地承包法》	森林资源	森林	
《中华人民共和国草原法》《中华人民共和国农村土地承包法》	草原资源	草原	
《中华人民共和国海域使用管理法》	海洋资源	海域	《中华人民共和国物权法》
《中华人民共和国土地管理法》《中华人民共和国农村土地承包法》	土地资源	土地	《中华人民共和国宪法》《中华人民共和国物权法》《中华人民共和国民法典》
《中华人民共和国土地管理法》《中华人民共和国农村土地承包法》	土地资源	荒地	
《中华人民共和国渔业法》《中华人民共和国农村土地承包法》《中华人民共和国土地管理法》	滩涂资源	滩涂	《中华人民共和国宪法》《中华人民共和国物权法》《中华人民共和国民法典》
《中华人民共和国土地管理法》《中华人民共和国农村土地承包法》	土地资源	山岭	
《中华人民共和国渔业法》	渔业资源	—	《中华人民共和国宪法》《中华人民共和国物权法》《中华人民共和国民法典》未涉及
《中华人民共和国大气污染防治法》《中华人民共和国节约能源法》	气候资源	—	《中华人民共和国宪法》《中华人民共和国物权法》《中华人民共和国民法典》未涉及

　　自然资源在私法上的所有权派生出占有权、使用权、收益权和处分权等，按照我国所有权和使用权分设的做法，使用权是提升价值的

关键。较一般意义的使用权而言，自然资源的使用权有其独特的特点：①自然资源使用权的取得需经过行政许可，通常采取由行政机关颁发许可证的方式确认；②自然资源用途多样，对应多种使用方式，需结合用途管制，严格限制用途、期限等使用内容；③不少自然资源使用权被确定为用益物权，具有私法权利性质，实现资源的高效利用和价值的最大化。《中华人民共和国物权法》选择性地确认了建设用地使用权（国有和集体）、宅基地使用权、海域使用权、探矿权、采矿权、取水权、养殖权、捕捞权、土地承包经营权等部分自然资源使用权的用益物权属性，其他形式的自然资源使用权利仅以行政许可方式，没有得到物权保护，如林木采伐许可制度等。

由表3.4可以看出，对各类自然资源实施的空间管制，在使用的地点、方式和强度上都有严格的限定。以森林资源为例，林权证授予了森林、林地、林木所享有的所有权、使用权、经营权或一定权益权，以及范围、面积、树种、期限，但林木采伐许可证同时也限定了采伐范围、树种、采伐类型、方式、强度、株数，也就是说，森林、林地、林木的所有者并不能对拥有的林木"任意采伐"，这无疑是对私法所有权的限制，导致所有权受损。

表3.4 自然资源私法使用权

资源类型	资源使用权	权属证明	限制内容	法律法规
水资源	取水权	取水许可证	取水期限，取水量和取水用途，水源类型，取水、退水地点及退水方式，退水量	《中华人民共和国水法》《取水许可和水资源费征收管理条例》
	排污权	排污许可证；临时排污许可证	污染物种类，排污口数量、位置等	《排污许可证管理暂行规定》《中华人民共和国水污染防治法》《中华人民共和国大气污染防治法》《中华人民共和国环境噪声污染防治法》《中华人民共和国固体废物污染环境防治法》《中华人民共和国海洋环境保护法》
	河道采砂权	河道采砂许可证	采砂范围和作业方式	《中华人民共和国河道管理条例》《河道采砂收费管理办法》

资源类型	资源使用权	权属证明	限制内容	法律法规
渔业资源	养殖权	养殖证	范围、面积、期限、养殖方式	《中华人民共和国渔业法》《水域滩涂养殖发证登记办法》
	捕捞权	渔业捕捞许可证	作业类型、场所、时限、渔具数量及规格、捕捞品种、捕捞限额的数量等	《中华人民共和国渔业法》《渔业捕捞许可管理规定》
矿产资源	探矿权	勘查许可证	地理位置、面积、期限	《中华人民共和国矿产资源法》《矿产资源勘查区块登记管理办法》
	采矿权	采矿许可证	矿区范围、面积、规模、开采方式、矿种、生产规模	《中华人民共和国矿产资源法》
草原资源	畜牧权	种畜禽生产经营许可证	生产范围、经营范围	《中华人民共和国畜牧法》《种畜禽管理条例》《种畜禽管理条例实施细则》《种畜禽生产经营许可证管理办法》
森林资源	采伐权	林木采伐许可证	采伐范围、树种、采伐类型、方式、强度、株数	《中华人民共和国森林法》《中华人民共和国森林法实施条例》
	森林使用权	林权证	范围、面积、树种、期限	《中华人民共和国森林法》《中华人民共和国森林法实施条例》
海洋资源	海域使用权	海域使用权证	用海类型、面积、期限	《中华人民共和国海域使用管理法》

综上所述，保护地融资的原因，即空间管制不仅限制了空间使用用途的变化，也限制了空间利用强度的增加。研究表明，"空间使用功能的变化"是指农业用途转为非农业用途、非建设用地内部土地用途的变更和建设用地内部土地用途的变更；"空间利用强度的变化"是指建设用地容积率的增加和非建设用地开发强度的增加。但需要注意的是，对非建设用地空间管制，既是对资源载体发展权的限制，也是对资源产品所有权的限制（表3.5）。

表 3.5 空间管制、载体发展权与产品所有权的关系

载体	土地类型	空间管制	载体发展权管制	产品使用权管制
土地	建设用地	容积率	●	
		农转用审批	●	
	非建设用地	采伐量	●	●
		载畜量	●	●
水域		排污量	●	
		取水量	●	●
		捕捞量		●

3.2.3 保护地内权利的受损

对于保护地而言，空间管制是使内部的大部分土地及自然资源保持良好的状态，并把人工设施限制在最小限度以内的一种管理手段，对于需要提供游憩体验的保护地而言，科学合理的功能分区则能够实现保护地自然资源与生态保护以及适度旅游开发的双重功能。

我国现有保护地根据所面临的不同矛盾采用不同空间管制模式，本节在回顾现有保护地空间管制的基础上，辨析其中管制规则对公法上发展权和私法上所有权的限制，讨论保护地空间管制是否对二者都施加了特别负担。

按前文所述，保护地居民是否被施加了特别负担，需分为两部分论述：①保护地土地所有者是否在"公法上的土地开发权"上受到更严苛的限制；②在"私法上的土地使用权"上是否相比保护地外的所有者承担了更多的社会义务。前者，毫无疑问保护地是禁止开发建设的，是土地开发受到最严格限制的区域，虽然土地用途管制是世界范围内普遍的管制手段，开发土地的权利也均受到限制，但是保护地的限制是绝对性和排他性的，因此从"公法上的土地开发权"来看保护地属于特别牺牲的范畴。后者，保护地内的居民日常行为因遗产资源保护而受到严格限制，以《黄山风景名胜区管理条例》为例，其中严

格禁止开垦农作、放牧牲畜、砍伐竹木、野炊和燃放烟花爆竹等 11 项
活动，其他还包括限制车辆驶入风景名胜区、禁止设置农贸市场和规
定空调、锅炉、油烟净化器以及其他电机设备使用事项等。通过梳理
保护地管理事项各种管制规则，可以看出，保护地内的居民财产的使
用权确实受到严格限制（表 3.6 和表 3.7）。

表 3.6　保护地空间管制程度

保护地	空间管制规则	是否更为严格
自然保护区	核心区和缓冲区禁止开展任何形式的开发建设活动	非常严格
	实验区内开展的开发建设活动，不得影响功能，不得破坏其自然资源和景观	一般严格
	自然保护区内，禁止擅自改变用途	一般严格
风景名胜区	特别保护区内不应进入游人，不得搞任何建筑设施	非常严格
	严禁建设与风景无关的设施，不得安排旅宿床位	较严格
	必须限制与风景游赏无关的建设和机动交通工具进入本区	一般严格
森林公园	不进行开发建设、不对游客开放	非常严格
	不得规划建设住宿、餐饮、购物和娱乐设施	较严格
地质公园	不得设立任何建筑设施	非常严格
	机动车不得入内	一般严格
湿地公园	不得进行任何与湿地生态系统保护和管理无关的其他活动	一般严格

表 3.7　自然保护区和风景名胜区对各类产权的限制

保护地	权利	空间管制	法律	条款
自然保护区	采伐权	自然保护区中的林木，禁止采伐	《中华人民共和国森林法》	第五十五条
	畜牧权	在生活饮用水的水源保护、风景名胜区以及自然保护区的核心区和缓冲区内，禁止建设畜禽养殖场、养殖小区	《中华人民共和国畜牧法》	第四十条
	狩猎权	在相关自然保护区域和禁猎（渔）区、禁猎（渔）期内，禁止猎捕以及其他妨碍野生动物生息繁衍的活动	《中华人民共和国野生动物保护法》	第二十条

保护地	权利	空间管制	法律	条款
自然保护区	采矿权	国家划定的自然保护区、重要风景区，国家重点保护的不能移动的历史文物和名胜古迹所在地，不得开采矿产资源	《中华人民共和国矿产资源法》	第二十条（五）
	土地使用权	任何单位和部门不得随意改变保护区的范围、界线和性质，也不得以任何名义和方式出让和变相出让自然保护区的土地、海域和其他资源	《国务院办公厅关于进一步加强自然保护区管理工作的通知》	
风景名胜区	采矿权	禁止开山、采石、开矿、开荒、修坟立碑等破坏景观、植被和地形地貌的活动	《风景名胜区条例》	第二十六条
	财产使用权	禁止修建储存爆炸性、易燃性、放射性、毒害性、腐蚀性物品的设施		
	土地发展权	禁止违反风景名胜区规划，在风景名胜区内设立各类开发区和在核心景区内建设宾馆、招待所、培训中心、疗养院以及与风景名胜资源保护无关的其他建筑物	《风景名胜区条例》	第二十七条
	采伐权	禁止破坏风景名胜区内景物、水体、林草植被、野生动物资源和地形地貌	《风景名胜区条例》	第三十条
	捕捞权			
	畜牧权			

3.3　保护地融资的结构

3.3.1　保护地土地增值的分类

　　自由主义大师约翰·穆勒于 1848 年就曾论证应对自然增值的土地特别加以课税，限制那些不以自己的努力而获得恩惠的财产。他指出"假设有一种收入，其所有者不花任何力气，也不做任何牺牲，就会不断增长；拥有这种收入的人构成社会阶级，他们采取完全消极被动的态度，听凭事情自然发展，就会变得愈来愈富有。在这种情况下，国家没收这种收入的全部增长额或一部分增长额，绝不违反私有财产制赖以建立的那些原则。这当然不是说把人们的所有财产没收，而仅仅是没收由于事情的自然发展而增加的财富，用它来造福于社会，而不是听凭它成为某一阶级不劳而获的财富。"土地税是为公众利益收取的一种租费，本就不属于地主收入，一开始就应该归国家所有。约翰·穆勒是最早提出将土地增值收益收归国家的学者，其重要意义在于区分了土地外力增值与自力增值，论证了回收土地增值收益归公的正当性和公平性。

美国经济学家亨利·乔治在《进步与贫困》中，首次明确主张"溢价归公"理论（乔治，2010）。他认为，"土地价值是由社会发展创造的，而非占有土地者个人创造。它反映的是垄断的交换价值。因此，社会完全可以享有全部的增值收益"，其对欧美国家的影响较为深远，关于合理分配土地增值，以维护社会公平的思想得到广泛的认同。马克思在《资本论》中同样对地主"把不费他们一点力气的社会发展的成果，装进他们私人的腰包"表示愤慨，指责说"地主就是为享受这些果实而生的"（马克思，1953）。因此，在社会公平的视角下，土地增值收益是一种不平等的收益，作为一种剩余价值不平等地由生产资料私有者占有。上述思想虽然略有差异，但都反思与批判了土地收益私人占有的不平等。因此，在社会公平的视角下讨论保护地融资的原则，则需通过构建有别于土地私有制的土地所有制来实现土地利益中非劳动价值部分的社会共享。

土地增值包括自力增值和外力增值。土地权利人改善基础设施、增加附属物等因个人投资带来的土地增值属于自力增值，其成果应当由他们享有。土地的外力增值又称自然增值，可分为社会整体进步带来的增值和空间管制带来的增值：前者，正如孙中山平均地权思想的内涵："地价高涨，是由于社会改良和工商进步。……这种进步和改良的功劳，还是由众人的力量经营而来的；所以由这种改良和进步之后，所涨高的地价，应该归之大众"（孙中山，1981）。后者，空间管制带来的增值亦可分为土地发展权管制和空间管制的外部性两种形式。空间管制的外部性地块是周边土地利用用途和强度发生变化而带来的增值，包括基建设施（如交通、通信、环保、能源等）的建设、商业投资（如商场、银行、工厂等）的布局和公共事业设施（医院、学校等）的健全。土地发展权管制带来的增值是通过调整某块土地用地性质和开发强度，进而影响土地发展权的改变得到。

由此可见，土地增值中需要参与融资的是外力增值的部分，具体到保护地空间管制，主要包括四个部分：保护地分区管制、保护地边界划定、保护地内基础设施和作为生态基础设施的保护地整体（图3.4）。

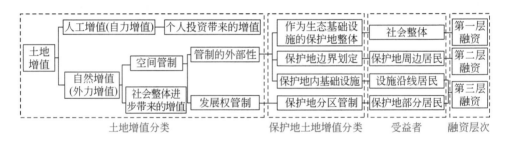

图3.4　保护地空间管制过程土地增值分类

3.3.2　负担与补偿的双向对称

公平原则指的是受益者负担、受损者得到补偿的原则。罗尔斯的平等主义认为土地的增值受益于整体的社会环境或是社会需求，受益者是"幸运"的，需要与不利者进行利益共享（罗尔斯，2000）。同时公平原则也与社会公平视角下将土地自然增值看作是非劳动价值的一种剩余，需要与社会分享的观点相一致（胡映洁和吕斌，2016）。基于此，保护地空间管制补偿由谁负担的命题便有了明确的答案：保护地空间管制过程中土地增值的受益者应该负担。因此我们需要明确谁是四类保护地土地增值的受益者。

首先，保护地空间管制划定了保护地边界范围。依据土地利用总体规划划定的"三界四区"，保护地核心区属于禁止建设区。因此大量的旅游服务设施布局在遗产区域外围，如传统的风景名胜区规划倡导的"山上游山下住"。保护地范围的划定形成了边界两侧土地增值和减损：边界内土地因禁止建设而价值受损，边界外的土地因大量旅游开发而价值提升。因此保护地核心区边界划定的受益者是保护地周边土地的权利人。

其次，保护地空间管制确定了保护地内的管制分区。以风景名胜区为例，风景名胜区总体规划划定了一级保护区（严格禁止建设范围）、二级保护区（严格限制建设范围）、三级保护区（限制建设范围）。由此可见，即使是保护地内部也存在土地价值差异，严格禁止建设的区域土地价值受损，而限制建设范围内的土地相较之下却略有增值。因此保护地管制分区的受益者是保护地部分土地权利人。

再次，保护地空间管制的正外部性（基础设施建设）也促成部分土地增值。保护地最典型的推动土地增值的基础设施规划是旅游节点和游线道路，前者集聚了各类商业活动，包括酒店、餐饮和零售业；后者带动了游线周边纪念小商品和地方特色小吃的兴起。因此保护地内基础设施规划的受益者是沿线的居民。

最后，也是最易被忽视的，是保护地整体作为生态基础设施所带来的土地增值。城市规划中因周边环境改变而导致土地区位的变化，进而改变土地价值的现象广泛存在，尤其以公园绿地为代表。保护地作为生态基础设施所带来的土地增值之所以容易忽略，有两方面原因：一是增值的土地范围难以确定，我们很难说三江源国家公园的保护为周边多大面积的土地带来增值；二是增值幅度也很难测度。但是如果将全国所有保护地网络视为一个整体，毫无疑问，受益者是全国人民，也正因为全社会共同受益，作为生态基础设施的保护地所带来的土地增值也非常容易被忽略。

综上所述，保护地空间管制过程中的土地增值的受益者可以概括为三类：全国人民、保护地周边的居民和保护地内部分居民（基础设施沿线和获得土地开发权利的居民）。因此，按照负担与补偿的公平原则，保护地空间管制所需补偿应由这三类人负担。

3.3.3　保护地融资的结构体系

前文分别论述了保护地融资的两个核心问题，即遗产保护为何需要补偿，由谁负担补偿，以及在土地发展权的解释框架下探讨融资的途径。基于上述讨论，我们将构建我国保护地融资的理论框架。根据融资的负担者对象，构建保护地空间管制三层次融资的理论框架，为了论述方便，本书论述尺度由小及大，分别是第三层融资、第二层融资和第一层融资（图3.5）。

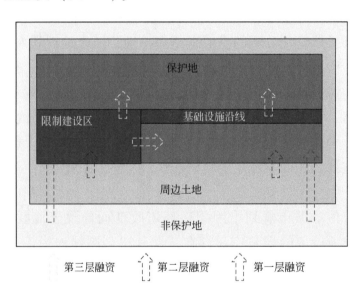

图 3.5　保护地融资的理论框架

（1）第三层融资：保护地内部融资

在保护地内部因遗产保护而受益的群体有两类：其一是因保护地空间管制而获得开发权利的部分居民；其二是空间管制的正外部性（基础设施建设）而受益的居民。因此这两类群体为融资的负担者，应该向因遗产保护而利益受损的保护地内的居民进行融资。需要注意的是，两类群体的融资属于不同的保护途径，需要加以甄别。保护地的土地用途管制的初衷是最大限度地遗产资源保护和最低程度的配套旅游服务设施建设，因此可开发的土地尽量集中布局，这样的思路与土地重划是一致的。保护地内基础设施建设所带来的土地增值的融资与前者不同，首先，利益化的土地发展权并不是出于特定的保护地（块），而是泛指整个保护地范围内的土地，因而也不存在特定转移；其次，所有因基础设施建设而受益的群体都需负担补偿责任，因而不存在土地发展权的门槛，由此可知，该类融资属于开发影响费范畴。但在实际情况中，保护地内的融资主体和对象难以区分，所以传统的直接和间接融资政策工具并不适用，而宏观融资需要在制度层面重新设计，这部分内容将在第 6 章详细讨论。

（2）第二层融资：保护地与周边土地融资

在整个保护地空间管制中，土地增值最显著、增幅最大的区域就是保护地周边土地，因此该区域的土地增值收益应该参与到保护地融资中。现实情况中，保护地周边土地的增值并没有被捕获，更不用谈使其用于保护地空间管制的融资，原因是空间管制外部性的空间边界一直属于研究的难点。因此，第二层融资的难点是确定融资主体的范围。

（3）第一层融资：全国层面的融资

保护地作为突出普遍的自然与文化价值的载体，是人类生存生活的物质与精神基础。保护地是全人类共同的财富，因此保护地空间管制的受益者应该是全人类。但是，现有遗产保护活动都以主权国家为基本单位，全球尺度的统一行动是不现实的，因此第一层融资是指主权国家范围内保护地与非保护地间的融资。目前我国已经采取了风景名胜区专项基金、生态补偿等一系列的该层级的融资，从性质上来看，属于典型的土地发展权购买。

3.4　保护地融资的主体

对空间管制的补偿，不可一概而论，正如前文所述，保护地空间管制既有对公法发展权的限制（载体），又有对私法所有权的限制（产品），那么就有如下问题：如何确定融资的对象？换句话说，如何甄别保护地空间管制过程中利益受损的相关者？又如何区分公法发展权和私法所有权的界限？二者的补偿主体是一样的吗？要解决上述问题，首先应该界定融资的对象。

3.4.1　第一层融资的主体

综合 3.2 节和 3.3 节的分析，保护地空间管制导致的利益受损主要包括两个方面，一是对载体的发展权的限制导致的利益受损；二是对产品所有权的限制导致的利益受损。现有的空间管制工具既有对载体发展权的管制，也有对产品使用权的管制。所以我们关注的问题是：对载体发展权管制的融资和对产品使用权管制的融资，融资的主体是否是相同的呢？换句话说，是不是都应该由国家（全民）来出钱补偿二者导致的利益损失呢？这就要回到前文提到的融资的理论框架，分析发展权管制和使用权管制的受益者是否为全体民众。显然，答案是否定的。

在保护地内，主要的土地类型是林地、草地等非建设用地，对于载体的发展权限制的主要目的（结果）是生态保护，这时受益者是全体民众，因此所有人都应该为此支付费用，主要的融资工具就是"生态补偿"；参照前文的分析，提高保护地投入资金中对于空间管制补偿的比例，明确补偿主体及补偿标准，缓解地方政府、当地居民等利益相关者的矛盾，解决土地纠纷，才是解决问题的正道。国家作为全民代表应该对载体的发展权限制予以补偿，也就是本质意义上的"生态补偿"。

对于产品的发展权的限制的主要目的（结果）是资源保护，也就是对林木、草等自然资源产品的保护，这时的受益者是谁呢？我国在中央层面对各类自然资源都有统一的用途安排，《全国林地保护利用规划纲要（2010—2020 年）》《全国草原保护建设利用总体规划》等都对各类资源可以利用的地域和强度有了明确的规划，因此以林地为例，部分林地可以采伐，部分林地就不可以采伐，也就是说，可以采伐的林地是"幸运"地被选择，因此，可以采伐的林地的收益应该用于不可以采伐的林地的补偿，主要的融资工具是"资源有偿使用"。

我国全民所有自然资源资产有偿使用制度逐步开始建立，在促进自然资源保护和合理利用、维护所有者权益方面发挥了积极作用，但目前的有偿使用制度不完善，在市场配置资源方面作用发挥不充分，所有权人权益难以落实。2013 年《中共中央关于全面深化改革若干重大问题的决定》提出实行资源有偿使用制度和生态补偿制度。2016 年《国务院关于全民所有自然资源资产有偿使用制度改革的指导意见》按照生态文明体制改革总体部署，健全完善全民所有自然资源资产有偿使用制度。

虽然我国的资源有偿使用制度还未健全，但是已经有一些条例、规章体现出资源有偿使用的内涵，其中体系最为成熟、实践最为有效的是土地有偿使用制度。1988 年 4 月第七届全国人民代表大会第一次会议通过了《中华人民共和国宪法修正案》，将《中华人民共和国宪法》第十四条第四款改为"任何组织或个人不得侵占、买卖或者以其他形式非法转让土地。土地的使用权可以依照法律的规定转让"，明确了土地使用权可以依照法律的规定转让，也正式确立了土地有偿使用的法律框架。2000 年，国土资源部下发《关于加强新增建设用地土地有偿使用费收缴管理工作的通知》，明确收缴土地有偿使用费是国家实行土地有偿使用制度而采取的一项重要措施。土地有偿使用费的征收标准参照《新增建设用地土地有偿使用费收缴使用管理办法》，土地有偿使用费 30% 上缴中央财政，70% 上缴地方财政，都作为财政基金预算收入，不得平衡财政预算，结余结转使用。

除此之外，《森林植被恢复费征收使用管理暂行办法》《关于同意收取草原植被恢复费有关问题的通知》《矿产资源补偿费征收管理规定》都有资源有偿使用的影子，对勘查、开采矿藏和修建道路、水利、电力、通信等各项建设工程需要占用、征用或者临时占用林地，需要向县级以上林业主管部门预缴森林植被恢复费/草原植被恢复费。这笔费用专款专用，用于林业/农业主管部门组织植树造林、恢复森林植被。不过这笔费用仅是森林和草原被动占用时征收的费用，是林业与草业利用的较少一部分，因此扩大国有土地有偿使用范围，完善国有土地资源、水资源、矿产资源的有偿使用制度，建立国有森林资源、草原资源的有偿使用制度。

综上所述，对于载体的发展权限制的受益者是全体民众，因此所有人都应该为此支付费用，主要的融资工具就是"生态补偿"；对于产品的发展权限制的受益者是资源生产加工者，这时应该通过"资源有偿使用费"的方式捕获部分利益，还原给保护地内资源的保护者。因此，保护地空间管制第一层融资的主体、对象和还原方式见表 3.8。

表 3.8　保护地空间管制第一层融资的主体、对象及方式

融资对象		融资主体	融资方式
限制农转用		国家（全民）	生态补偿
		土地使用者	新增建设用地有偿使用费
限制建设用地	内部用途转变	无	
	容积率	无	
限制非建设用地	内部用途转变	国家（全民）	生态补偿
	资源载体开发	国家（全民）	生态补偿
	资源产品生产	产品生产者	资源有偿使用费

3.4.2　第二层融资的主体

由前文可知，基于公平原则，土地价值的贡献者负担了公共服务的成本（如保护地内禁止开发的土地承担了生态保护与景观游憩的成本），应该与其所得到的利益是平衡的。由于保护地空间管制而受益的

人分为三大类（Bowman and Ambrosini，2000；Lepak et al.，2007）：全体公众、直接使用者和部分非直接使用者。从最广泛的意义上讲，保护地的空间管制为地方政府管辖范围内的广大居民创造了整体效益，其中包括文化认同、旅游经济和社会收益。因此，地方政府应从地方性税收收入中拨付相当比例来作为保护地所需资金，这也是国际上大部分保护地的主要资金来源之一。

保护地空间管制的直接受益者是保护地内的居民和进入保护地游憩的游客（Chatain and Zemsky，2011），对直接受益者的价值捕获方式主要是售卖景区门票。对于游客来说，可能还包括部分商品税，如购买餐饮食品或酒店住宿消费时缴纳的税款，这类型的价值捕获在我国已经被广泛使用，我国的大部分保护地都会收取昂贵的门票，在保护地内的各种商品和住宿价格也远贵于其他地方。

除公众和直接使用者之外，还有另一部分保护地空间管制的受益人，他们虽然没有直接进入保护地参观或游憩，但由于其区位优势而获益（图 3.6）。这些土地所有者或开发商因保护地空间管制而受益，所以其土地的部分增值应该被捕获，用于保护地空间管制的开支。保护地空间管制第二层融资是指因保护地开发受限而促成周边土地增值，通过捕获周边土地部分增值还原给保护地的方式。虽然保护地周边土地增值的现象非常普遍，但是针对这一现象的价值捕获却很少被提及。因此，第二层融资的主体是保护地周边增值土地的权利人，如何有效

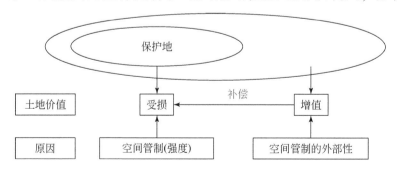

图 3.6　保护地空间管制第二层融资的理论框架

地确定融资的空间边界，也就是保护地空间管制外部性的边界，这一直是理论与实践的难点，在本书第 5 章中将进行详细讨论。

3.4.3　第三层融资的主体

在以往的研究中（Hong，1998），研究者普遍认为决定土地价值变化的因素包括：①增加（或减少）私人对土地的投资；②城镇化带来人口和社会经济的增长；③规划调整；④公共基础设施建设。在本节中，公共基础设施建设和规划调整导致保护地土地价值增加或减少，都属于空间管制的范畴。首先，由于公共基础设施的建设，位于游线旁边的土地权利人的土地将会增值。政府投资建设保护地内的道路引导游客参观游憩，游线附近居民可以出售更多的旅游产品而获益，土地作为引致需求，价格也会上涨；但是远离游线居住的居民则不会受益。因此，政府决定批准或创建公共基础设施而导致的土地增值是外力增值，地方政府应该捕获这些增值并补偿偏远的土著居民。其次，空间管制的调整也会导致土地价值的变化。允许增加开发面积或强度的土地会增值，而生态保护用途的土地因不能开发而不能享受土地开发收益。在保护区内，大部分地区都是禁止开发的，而少量的土地则是为了接待游客而被允许开发的。因此，国家应该捕获可开发土地的增值，用来补偿被管制土地的损失。

在公平的情况下，幸运的土地权利人由于土地空间管制规则调整和基础设施建设而享受了土地价值的增加。根据前文提出的融资的理论框架，简单来说，假设保护地内有三组群体。第一组居住在保护地入口或集散地，因此拥有土地开发权；第二组是基础设施附近的土地；第三组是必须承担遗产保护责任的居民，他们的土地发展权受到限制，不能兑现。因此，第一和第二组明显比第三组幸运。在这种情况下，利益受损的群体获得融资可能有两个渠道：一方面直接捕获土地增值部分用于补偿；另一方面土地增值受益的权利人通过提高土地利用效率而使受损者间接受益。第一个渠道非常好理解，第二个渠道是当土地用途由农用地转为商业用地（餐饮、住宿等）时，土地权利人可能会提供工作机会；再如，土地所有者也可能改善建筑物环境，让其他人可以享受更好的环境和设施。综上所述，保护地内融资的主体是保护地内因空间管制而土地增值的地方，融资的对象是保护地内因空间管制而土地减值的地方。

3.5 小　　结

本章首先讨论了保护地空间管制与征收征用、产权限制、公共负担平等关系，区分了空间管制导致的公法发展权与私法使用权的受损，论证了保护地内的土地权利人因空间管制而承担了额外的社会义务，属于特别牺牲的范畴。根据"负担与补偿对称"的原则，本章提出了三层次的保护地融资结构，并分别论证了每个层次融资的主体。

接下来的章节将分别对保护地空间管制的三层融资进行论述，由于三层融资主体和尺度的差异，具有不同的融资方式（表3.9），需要不同的理论、方法和技术，且有关融资的"负担与补偿对称"和"交易成本"等理论会贯穿始终。

表 3.9　保护地融资的方式汇总

融资层次	融资方式
第一层融资	1）生态补偿； 2）生态移民
第二层融资	1）在土地"招拍挂"出让阶段获取"土地出让金"； 2）土地出让合同变更时补交"土地出让金"； 3）土地（不动产）交易阶段获取"契税"； 4）土地（不动产）保有阶段的房地产税
第三层融资	1）利维坦资源治理； 2）私有化资源治理； 3）自组织资源治理； 4）政府参与型自组织资源治理

第4章 保护地空间管制的第一层融资

保护地空间管制的第一层融资是指全国层面的融资，其面临如世界上大多数保护地一样的问题，即融资的资金严重匮乏且稳定性较差。联合国开发计划署将其原因归结为以下四点：①政府预算拨款低于世界遗产管理所需的总成本。②法律、政策、制度上的缺失阻碍保护地管理制度改革创新，无法实现高效运作。③资金来源渠道单一，且资金管理相应的战略计划不完善甚至空缺。④缺乏对保护地资金投入的规划、评估、监管。

近些年，以"生态补偿"为代表的保护地第一层融资在我国各界受到普遍关注。全国政协委员、人大代表也就"生态补偿"问题多次提案。中央政府也积极出台了开展生态补偿的重要举措。从2005年中国共产党第十六届中央委员会第五次全体会议通过的《中共中央关于制定国民经济和社会发展第十一个五年规划的建议》提出按照"谁受益谁补偿、谁开发谁保护"的原则，加快建立生态补偿机制，到2012年党的十八大报告提出建立"体现代际补偿和生态价值、反映资源稀缺程度和市场供求"的生态补偿和资源有偿使用制度；从2013年《中共中央关于全面深化改革若干重大问题的决定》明确要改革生态环境保护管理体制，实行资源有偿使用和生态补偿制度，到《国家新型城镇化规划（2014—2020年）》明确指出制定并完善生态补偿方面的政策法规，切实加大生态补偿投入力度，扩大生态补偿范围，提高生态补偿标准。同年我国对生态补偿领域进行了大规模扩展，涉及森林、草原、海洋、农业、自然保护区、重点生态功能区、区域、饮用水水源保护、流域和水资源十大方面（徐绍史，2013）。

自2001年始，中央对保护地的资金投入不断加大，2001~2004年累计安排森林生态效益补偿资金 802 亿元,2008~2014 年累计安排重点生态功能区转移支付资金 2004 亿元,2011~2014 年累计安排生态保护补偿奖励资金 606 亿元,2014 年累计安排湿地生态补偿资金 10.9 亿元,2012~2014 年中央财政安排新安江上下游生态补偿 15 亿元。尤其是党的十八大之后,随着我国生态文明建设的加快,生态补偿的力度也不断加强。虽然生态补偿金额巨大且不断增加(平均每年 137 亿美元,在世界范围内都属于前列),但是当前保护地却普遍反映资金支持的严重不足,多数保护地并不能合理补偿原住民因保护地空间管制而导致的利益损失。这不禁值得我们深思:以"生态补偿"为代表的保护地第一层融资是否确实资金不足?"生态补偿"的对象是否清晰、明确且秉持了"谁受益谁补偿、谁开发谁保护"的原则?本章将针对以上问题,系统阐述我国保护地空间管制的第一层融资方式及其交易成本的比较。

4.1 多重功能的生态补偿政策

生态补偿最早于 2005 年党的十六届五中全会提出,党的十八大明确了建立生态补偿机制。之后的《关于加快推进生态文明建设的意见》(2015 年)、《生态文明体制改革总体方案》(2015 年)提出了要求探索建立多元化的生态补偿机制。近年来,我国开展的大规模生态补偿,按照补偿对象,有针对市县政府的,也有针对个人的;按照补偿资源类型,有区域型的,也有针对森林、草原等单类型资源的。虽然现有生态补偿政策类型繁多,但具体到每一项生态补偿政策,其中的补偿缘由并不明确。纵览现有的生态补偿政策,补偿的缘由主要分为四类:空间管制的补偿(本书关注的重点)、生态工程的支出、激励机制的奖金和扶贫的转移支付。顾名思义,生态补偿的"补偿"应该是对权利人受损利益的还原过程;"生态"应该指的是载体(自然资源的载体)土地开发的机会成本;也就是说,生态补偿应该是对那些因空间管制而导致土地发展权被剥夺的土地权利人的受损利益的补偿。虽然现有政策以"生态补偿"为名，但未行"生态补偿"之实，因此并没有真正实现保护地空间管制的第一层融资。

下文将详细梳理我国现有生态补偿政策（国家重点生态功能区转移支付办法、林地有关的生态补偿、草地有关的生态补偿、水域有关的生态补偿、保护地有关的生态补偿等），尤其是辨析现有生态补偿政策中补偿缘由的差异，论证我国的生态补偿政策不仅是融资政策工具，更是具有多重功能的政府治理手段。

4.1.1　国家重点生态功能区转移支付办法

财政部先后制定了《国家重点生态功能区转移支付办法》（2011年）和《中央对地方国家重点生态功能区转移支付办法》（2012年、2016年、2017年）四份政策文件，这些文件之间在补偿范围和补偿项目的内涵与表述上都有些许不同：①在主体功能区方面，四份文件一以贯之地强调了对禁止开发区和限制开发区的补偿；②在重点生态功能区划方面，除了海南国际旅游岛外，南水北调中线水源地保护区不再是补偿对象，而京津冀协同发展和"两屏三带"则纳入补偿范围；③在国家公园方面，由最开始的青海三江源自然保护区扩展到全部的国家公园体制试点；④2017年版的《中央对地方国家重点生态功能区转移支付办法》中，补偿对象增加了选聘建档立卡人员为生态护林员的地区（表4.1）。

四份文件中，补偿项目变化非常大：①在常规财政方面，2016年之后，重点补助代替了之前（纳入转移支付范围的市县政府标准财政收支缺口×补助系数+生态环境保护特殊支出）的补助方式，二者本质上并无显著区别；②禁止开发区补助和引导性补助是一直未变的补偿项目，前者始终是根据各地国家层面禁止开发区域的面积和个数分省测算，后者有较大变化，早期补偿对象是生态功能较为重要的县市，2016年改为省内"建立完善生态保护补偿机制和有关试点示范"，2017年改为国家生态文明试验区、国家公园体制试点地区等试点示范

表 4.1 国家重点生态功能区转移支付办法的演变

指标		2011 年版	2012 年版	2016 年版	2017 年版
补偿范围	在主体功能区方面				
	限制开发的国家重点生态功能区	●	●	●	●
	国家级禁止开发区域	●	●	●	●
	重点生态功能区域所属县域				
	京津冀协同发展			●	●
	"两屏三带"			●	●
	海南国际旅游岛中部山区	●	●	●	●
	南水北调中线水源地保护区	●	●		
	在国家公园方面				
	青海三江源自然保护区	●	●		
	国家公园体制试点				●
	其他				
	国家生态文明试验区		●		●
	生态环境保护较好的地区	●			
	选聘生态护林员的地区				●
补偿缘由	在常规财政方面				
	标准财政收支缺口	●	●		
	补助系数	●	●		
	生态环境保护特殊支出	●			
	生态文明示范工程试点工作经费补助		●		
	重点补助			●	●
	禁止开发区补助	●	●	●	●
	引导性补助		●	●	●
	生态护林员补助				●
	奖惩资金	●	●	●	●

和重大生态工程建设地区；③2017 年增加了生态护林员补助。

由表 4.2 可以看出，国家重点生态功能区转移支付中，只有禁止开发区补助是针对空间管制的补偿，根据各省禁止开发区域的面积和个数等因素分省测算，向国家自然保护区和国家森林公园两类禁止开发区倾斜；重点补助中，补助系数的测算考虑了生态保护区的面积和产业发展受限两个因素。现有公开资料并不知道各项补偿缘由具体的补偿金额的差异，但可以明确看出，国家重点生态功能区转移支付的重点是生态工程建设支出，对于空间管制的补偿并不处于主导地位。

表 4.2　国家重点生态功能区转移支付办法的补偿缘由

指标	空间管制的补偿	生态工程的支出	激励机制的奖金	扶贫的转移支付
标准财政收支缺口				●
补助系数		●		●
生态环境保护特殊支出		●		
生态文明示范工程试点工作经费补助		●		
重点补助	●	●		●
禁止开发区补助	●			
引导性补助		●	●	
生态护林员补助				●
奖惩资金			●	

4.1.2　林地有关的生态补偿

除国家重点生态功能区转移支付这样区域型的生态补偿政策外，针对各类自然资源也有不少专项的生态补偿政策。为了保护森林生态环境，我国建立了诸多森林生态补偿制度，以保障森林生态补偿的正常运行。《中华人民共和国森林法》（1998 年修订）明确提出国家设立森林生态效益补偿基金；随后在 2000 年，先后发布了《关于开展2000 年长江上游、黄河上中游地区退耕还林（草）试点示范工作的通知》、《长江上游、黄河上中游地区天然林资源保护工程实施方案》和《东北、内蒙古等重点国有林区天然林资源保护工程实施方案》等一系列的政策文件。森林生态效益补偿试点工作在全国 11 个省份展开。在全国层面与林地有关的生态补偿政策有森林生态效益补偿、天然林资源保护工程财政专项资金、造林补贴、森林抚育补贴和退耕还林补偿 5 个类别补偿项目（表4.3）。为了响应国家森林生态保护的号召，各省份相继建立了以本省实际情况为基础的森林生态补偿机制（表4.4）。

表 4.3　林地有关的生态补偿的细分类型

补偿项目			空间管制的补偿	生态工程的支出	激励机制的奖金	扶贫的转移支付	备注
森林生态效益补偿 /[元/（亩·a）]	国有林生态补偿		4.75	—	—	—	用于国家级公益林
	集体林生态补偿		9.75	—	—	—	
	劳务补助等支出(国有)		—	0.25	—	—	
	经济补偿和劳务补助(集体)		0.25		—	—	
天然林资源保护工程财政专项资金	森林管护费 /[元/（亩·a）]	国有林	—	5			
		集体和个人所有的地方公益林		3			
	森林生态效益补偿基金/ [元/（亩·a）]		10	—	—	—	集体和个人所有的国家级公益林
	森林抚育补助费/[元/（亩·a）]		—	120	—	—	国有中幼林
	社会保险补助费		—	80%(各省社会平均工资)×30%		—	—
	政策性社会性支出补助费/ （元/人）	教育经费			3 000		各地补偿标准略有差异
		医疗卫生经费			10 000 或 15 000		
		公检法司经费			12 000 或 15 000	—	
		政府经费			30 000		
		社会公益事业经费			—		
		改革奖励资金			—		

续表

补偿项目			空间管制的补偿	生态工程的支出	激励机制的奖金	扶贫的转移支付	备注
造林补贴	直接补贴/（元/亩）	人工造林	—	200	—	—	乔木、油料
				120			灌木
				100			水果、药材
		迹地人工更新		100			—
	间接补贴		—	5%（总补贴）	—	—	—
森林抚育补贴/（元/亩）			—	100	—	—	—
退耕还林补偿	对退耕农户直接补助/［元/（亩·a）］	长江流域及南方地区	—	105	—	—	—
		黄河流域及北方地区		70		—	—
	生活补助费/［元/（亩·a）］			—		20	—
	巩固退耕还林成果专项资金/（元/亩）	西南地区	600			—	
		西北地区	400				

注：1 亩≈666.67m²。

资料来源：见附录表 B.1。

表4.4 各省份森林生态补偿的细分类型

省份	空间管制的补偿	生态工程的支出	扶贫的转移支付
北京（2010 年以前）	400 元/（月·人）		—
北京（2010 年以后）	24 元/（亩·a）	16 元/（亩·a）	—
广东	37.5 元/（hm²·a）	—	—
河北（退耕还林）	70 元/（亩·a）	—	—
广西	—	10 元/（亩·a）	—
福建	1.75 元/（亩·a）	0.25 元/（亩·a）	—
陕西	—	6.5 元/（亩·a）	—
江西	—	5.5 元/（亩·a）	—
贵州	5 元/（亩·a）		—
宁夏	4.25 元/（亩·a）	0.25 元/（亩·a）	—
黑龙江	—	9 000 ~ 10 000 元/（人·a）	—
山西	4.75 元/（亩·a）	0.25 元/（亩·a）	—

续表

省份		空间管制的补偿	生态工程的支出	扶贫的转移支付
四川	林地	5.2 元/(亩·a)	5 元/(亩·a)	6 000~8 000 元/(人·a)
	灌木林		1 元/(亩·a)	
浙江	第一、第三类公益林	—	4 元/(亩·a)	—
	第二类公益林	—	1 元/(亩·a)	
云南	国有公益林	—	5 元/(亩·a)	—
	集体公益林	10 元/(亩·a)	5 元/(亩·a)	

资料来源：见附录表 B.1。

汇总上述林地有关的生态补偿政策，长江上游、黄河上中游地区累计投入资金达 598 亿元，其中中央投入 560 亿元，占 93.6%；地方配套 38 亿元，占 6.4%。长江上游、黄河上中游地区天然林资源保护工程二期目前已投入 1178.6 亿元，其中中央投入 933.6 亿元，占 79.2%；东北、内蒙古等重点国有林区天然林资源保护工程累计投入 588 亿元，其中中央投入 559 亿元，占 95.1%，地方投入 29 亿元，占 4.9%。除此之外，中央还每年投入 115 亿元用于退耕还林。由此可见，林地的生态补偿以中央的相关补偿政策为主。但是如果仔细辨别中央林地有关生态补偿的政策中的补偿缘由，可以发现与上述重点功能区类似的问题，大量资金用于生态工程的支出，而用于空间管制的补偿的只占其中的一小部分，这就导致虽然林地有关的生态补偿资金巨大，但对林地所有者的补偿却经常捉襟见肘，资金不足。

4.1.3 草原有关的生态补偿

我国草原有关的生态补偿主要有两个项目，草原生态保护补助奖励资金（2011 年开始）和退牧还草工程（2003 年开始）。2003 年开始，国务院西部地区开发领导小组办公室、国家计划委员会、农业部、财政部、国家粮食局联合下发了《关于下达 2003 年退牧还草任务的通知》，力争五年内恢复退化的草原，达到草畜平衡，实现草原资源的永续利用。2003~2010 年，退牧还草工程累计投入 136 亿元。2011 年之

后，结合草原生态保护补助奖励，中央财政每年安排较大金额（2011
年136亿元、2012年150亿元、2013年159.75亿元）用于建立草原
生态保护补助奖励。虽然8个主要草原牧区省份都配套了用于草原生
态补偿的地方财政，但总体说来，每年草原生态补偿的资金中，中央
占95.3%，地方占4.7%。草原生态补偿和森林生态补偿面临着同样
的问题，补偿的主要缘由并不是空间管制导致的权利人受损，而是生
态工程的支出、扶贫的转移支付占据了主要份额（表4.5）。除此之
外，草原生态补偿还有补偿单元的问题：按草原面积补偿和按人口补
偿。现有政策中两种补偿形式都有体现，这也反映了一个问题：生态
补偿的初衷是什么？这个问题将在4.1.5节详细讨论。

表4.5 草原有关的生态补偿细分类型

补偿项目	补偿缘由		空间管制的补偿	生态工程的支出	激励机制的奖金	扶贫的转移支付	备注
草原生态保护补助奖励资金	禁牧补助/[元/(亩·a)]		7.5	—	—	—	—
	草畜平衡奖励/[元/(亩·a)]				2.5		
	生产性补贴	牧草良种补贴/[元/(亩·a)]	—	—	10		
		生产资料综合补贴/(元/户)				500	
	绩效考核奖励资金/[元/(亩·a)]		—	—	—	—	
退牧还草工程	围栏建设中央投资补助/(元/亩)		—	—	16或20	—	青藏高原地区较高
	补播草种费中央投资补助/(元/亩)		—	20	—	—	—
	人工饲草地建设中央投资补助/(元/亩)		—	160	—	—	—
	舍饲棚圈建设中央投资补助/(元/户)		—	3000		—	—
	禁牧封育草原的中央财政禁牧补助/(元/亩)		6	—	—	—	—
	草畜平衡奖励/(元/亩)		—	—	1.5	—	—

资料来源：见附录表B.2。

4.1.4　水域有关的生态补偿

　　与水域有关的生态补偿在我国生态补偿制度中较早就开始实施，从早期就开始探索尝试的流域生态补偿，到近期推行的水源地生态补偿，与水域有关的生态补偿已经逐步建立了全国、区域和流域相结合的补偿体系。水源地生态补偿最早在《中华人民共和国水污染防治法》（2008 年修订）中提出，随后的《中共中央 国务院关于加快水利发展改革的决定》（2011 年）和《关于健全生态保护补偿机制的意见》（2016 年）中相继明确了水源地生态补偿制度的建立。最早的水源地生态补偿实践是 2008 年开始的南水北调中线源头——丹江口水库的水源地实施生态补偿机制的试点，之后一系列区域和跨区域水源地生态补偿开始实践（表 4.6）。

表 4.6　水源地生态补偿细分类型

省份	水源地	时间	金额	补偿缘由	
				排污	水量
江西	"五河一湖"	2003 年	—	●	—
福建	闽江	2007~2010 年	5000 万元/a	●	
	九龙江		2800 万元/a	●	
	晋江	2005~2009 年	2000 万元/a	—	●
浙江	金华江	2004 年	5 万元/a	●	—
	汤浦水库	2005~2022 年	7 亿元	—	●
北京	密云水库	2005~2010 年	2000 万元/a	●	—
	密云水库退稻还旱	2007 年	3195 万元	—	●
上海	黄浦江	2009 年	1.85 亿元	●	●
		2010 年	3.74 亿元	●	●

资料来源：见附录表 B.3。

　　除了水源地生态补偿外，另一类水域有关的生态补偿是 20 世纪 90 年代开始探索的流域生态补偿，在前期探索的经验基础上，多个省份已经开始实施了流域生态补偿相关政策，2011 年，新安江作为全国首个跨省流域生态补偿试点正式启动，中央财政拨款 5000 万元。在地方层面，建立了流域下游对上游水资源、水环境保护的补偿和上游对下游超标排污或环境责任事故赔偿的双向或单向责任机制。现有的流域生态补偿政策主要有两个思路：保护较好的市县获得补偿和污染严重的市县缴纳补偿款。以河南省及其下属市县为例（表 4.7），河南省、周口市和许昌市都有明确的断面考核生态补偿标准，其他地级市只有超标扣缴标准（表 4.8）。

表 4.7　河南省流域生态补偿奖励办法

地区	考核因子	奖励办法			备注
		I ~ III	IV ~ V	劣 V	
河南	化学需氧量 2 500 元/t，氨氮 10 000 元/t	达标率为 90%，奖励 100 万元	达标率为 90%，每增加一个百分点奖励 20 万元	达标率为 90%，每增加一个百分点奖励 10 万元	《河南省人民政府办公厅关于印发河南省水环境生态补偿暂行办法的通知》
周口	同上	达标率为 90%，奖励 10 万元	达标率为 90%，每增加一个百分点奖励 10 万元	达标率为 90%，每增加一个百分点奖励 5 万元	《周口市人民政府办公室关于印发周口市水环境生态补偿暂行办法的通知》
许昌	化学需氧量 4 000 元/t，氨氮 10 000 元/t	达标率为 90%，奖励 5 万元	达标率为 95%，奖励 5 万元	—	《许昌市人民政府办公室关于印发许昌市水环境生态补偿暂行办法的通知》

资料来源：见附录表 B.3。

通过以上分析可以明显看出，与水域有关的生态补偿政策同以土地为载体的自然资源的生态补偿政策有显著不同，无论是水源地生态补偿还是流域生态补偿，补偿的缘由基本上都是对空间管制的补偿，但是有两个问题仍然混淆：①在水域有关的生态补偿政策中，对于排污量的限制的融资和对于取水量限制的融资是否属于同一性质的生态补偿；②排污超标的扣缴和排污达标的奖励看似是一个政策的两面，但是仔细辨别，其中又有差异，从表 4.8 可以看出，排污超标的扣缴费并没有完全用于生态补偿，其中的一些金额用于生态工程的支出。因此对于水域有关的生态补偿的缘由仍有待进一步深入，这也将是4.1.5 节讨论的内容。

表 4.8 河南省流域生态补偿惩罚措施

地区	扣缴费标准（一）				保护奖励	污染防治
	一级	二级	三级	四级		
平顶山	<1（1万元）	1~2（2万元）	2~3（3万元）	>3（5万元）	—	—
鹤壁	0.5~1.0（超标倍数×生态补偿基准金）	1.0~2.0（2×超标倍数×生态补偿基准金）	>2.0（4×超标倍数×生态补偿基准金）	—	30%	70%
安阳	0~10（5万元）	10~20（10万元）	>20（15万元）	—	30%	70%
洛阳	<1（5万元）	1~2（10万元）	>2（20万元）	—	20%	80%
地区	扣缴费标准（二）				保护奖励	污染防治
	（小于等于）化学需氧量40mg/L，氨氮2mg/L		（大于）化学需氧量40mg/L，氨氮2mg/L			
河南	超标倍数×生态补偿基准金		超标倍数×生态补偿基准金×2		50%	50%
许昌	超标倍数×生态补偿基准金		超标倍数×生态补偿基准金×2		50%	50%
周口	超标倍数×生态补偿基准金		超标倍数×生态补偿基准金×2		50%	50%

资料来源：见附录表 B.3。

其他水域有关的生态补偿政策还有水土流失综合整治和生态脆弱河流综合治理两项。1988 年，国务院批准将长江上游列为全国水土保持重点防治区。1994 年以后，重点防治区逐步扩展到中游的丹江口库区、洞庭湖水系、鄱阳湖水系和大别山南麓诸水系。截至 2008 年，工程已连续实施了七期工程，范围涉及长江上中游地区的云、贵、川、甘、陕、渝、鄂、豫、湘、赣 10 省（直辖市）214 个县（市、区）。2010 年，国家发展和改革委员会、水利部共同启动了"坡耕地水土流失综合治理工程"，在 16 个省（自治区、直辖市）的 50 个县开展试点。以控制坡耕地水土流失、合理利用和有效保护水土资源、加强农业基础设施建设为目标，以保土、蓄水、节水为主要治理措施，建设内容包括坡改梯、蓄水池、灌排沟渠等（表 4.9）。

除上述生态补偿政策外，还有诸如"三北"防护林、京津冀风沙治理和石漠化治理等政策。综合来看，生态补偿政策将空间管制的补偿、生态工程的支出、激励机制的奖金和扶贫的转移支付整体打包，这本身增加了政策的多样性和灵活性，但是更为严重的问题是，对空

表 4.9　其他水域有关的生态补偿细分类型

补偿项目		空间管制的补偿	生态工程的支出	激励机制的奖金	扶贫的转移支付
水土流失综合整治/（元/亩）	黄土高原区和东北黑土区	800～1000	—	—	—
	北方土石山区和南方红壤区	1100			
	西南土石山区	1500～2000			
生态脆弱河流综合治理		不定（塔里木河流域综合治理106.66亿元、黑河流域综合治理3888.89亿元、湘江流域综合治理595亿元）			

资料来源：见附录表 B.4。

间管制导致的权利人利益受损并没有合理补偿。

4.1.5　保护地有关的生态补偿

我国保护地作为公益性社会事业，其建设和管理的资金来源主要有三个渠道：财政渠道、社会渠道和市场渠道。

财政渠道主要是各级政府和保护地主管部门的财政投资，包括本级财政经常性预算、上级财政转移支付、国债资金、项目投入（包括各部委专项资金、扶贫、以工代赈和国家重点生态建设工程等）、地方政府项目投入或配套资金（主要包括基建费、人头费和专项业务费）和专项基金（如森林生态效益补偿基金）。表4.10显示我国自然保护区决算和单位面积投入都有明显的增加。

表 4.10　自然保护区投入的资金

项目	2010 年	2011 年	2012 年	2013 年
全国自然保护区数量/个	2 588	2 640	2 669	2 697
全国自然保护区总面积/万 hm²	14 944	14 971	14 979	14 631
自然保护区决算/亿元，其中：	10.77	10.58	14.80	20.82
1）环境保护——自然保护区/亿元	7.16	6.01	5.72	8.67
2）农林水——林业自然保护区/亿元	3.61	4.57	9.08	12.15
全国自然保护区单位面积投入/（元/hm²）	7.21	7.07	9.88	14.23

资料来源：附录表 B.5。

中央财政资金主要包括生物多样性专项资金（国家级自然保护区专项资金）、林业国家级自然保护区能力建设补偿专项资金等，前者包括国家级自然保护区规范化建设项目和国家级自然保护区生物多样性保护试点项目，2009～2014 年年资金投入超过 1 亿元，2013 年达到 2 亿元。地方财政资金也是保护地的重要资金来源，但总体上投入非常不够。即使在广东这样经济发达的省份，2000 年前对保护地的投入也不到 200 万元/a，2000～2009 年省财政对保护地投入总计 3000 多万元，平均每个保护地每年不到 20 万元。经济落后的省份，如内蒙古等，对保护地的资金投入不足 100 元/km^2，连基本的看护支出都难以为继。

社会渠道主要包括联合国有关机构、自然保护组织、多边和双边援助机构等对我国保护地的资助。例如，湖南壶瓶山国家自然保护区管理计划、湖南八大公山国家自然保护区管理计划、陕西牛背梁国家自然保护区管理计划都是由全球环境基金（Global Environment Fund，GEF）资助（表 4.11）。英国政府环境基金、欧盟、荷兰政府等在中国的保护地都有保护项目。非政府国际组织在中国的保护工作也非常活跃，包括世界自然基金会（World Wide Fund，WWF）、保护国际（Conservation International，CI）、世界自然保护联盟（International Union for Conservation of Nature，IUCN）、英国野生动植物保护国际（Fauna and Flora International，FFI）等，在中国的保护地都有一定数额的直接援助和投入。社会团体和个人投资在国际上较为普遍，但我国此方面投入还较少，没有形成较大规模投资。

表 4.11 保护地国际援助资金

保护地	计划总投资/万元	补偿金/万元	补偿金占比/%	配套资金/万元	配套资金占比/%
湖南壶瓶山	2501.33	823.56	32.92	156.26	6.25
湖南八大公山	1515	624.73	41.24	164.45	10.85
陕西牛背梁	1064.47	345.79	32.48	—	—

资料来源：李俊生和罗建武（2015）。

市场渠道也是保护地开展多种经营创收和有关服务费的重要途径，包括在保护地内开展种植业、养殖业、旅游服务业等。门票收入是市场渠道获得资金最重要的途径，一般占80%以上的收入。

综合上述三项资金渠道来看，尽管国家对保护地投入逐年增多，但是仍然面临与生态补偿类似的问题，即对空间管制的补偿仅仅占国家投入的少部分。即使是专项资金，也是重点投入管理建设、科研考察、减贫示范等（表4.12）。投入的基建的经费多，空间管制的补偿少，导致保护地内许多工作难以开展，因为缺少合理的空间管制的补偿，保护地内大量的土地不能被征收或征用，甚至连土地发展权都不能购买，当地居民不能获得合理的补偿，缺乏保护的积极性，难免自行开发建设，开展旅游经营活动，破坏保护地生态环境。

表4.12　保护地投入资金细分类型

渠道	细分类型	空间管制的补偿	生态工程的支出	激励机制的奖金	扶贫的转移支付
财政渠道	生态补偿	●	●	●	●
	项目投入	—	●	—	●
	地方政府投入	—	●	●	—
	专项资金	—	●	—	●
社会渠道		●	●	●	●
市场渠道	收费	—	—	●	—
	经营	●	●	—	●

4.1.6　生态补偿政策的交易成本

一般对政策的交易成本评估分为三个方面：信息成本、协商成本和监督成本。生态补偿融资的标准是中央政府直接设立的，没有与生态补偿对象协商或者讨价还价，所以主要的交易成本产生在信息获取和后续监督两个环节。

首先是信息成本。生态补偿政策的标准分为三类思路：第一是基于保护地内空间管制涉及的人数（或者户数）划拨补偿款，一般空间管制的补偿采用这一类；第二是基于空间管制涉及的土地面积划拨补偿款，一般生态工程的支出采用这一类；第三是基于空间管制涉及的牲畜数量划拨补偿款，这是草原地区特有的一类补偿标准。其中第二类是最容易测算的，基本不需要信息成本，难点在于如何确定生态补偿的人数或者户数，更难确定的是每户拥有的牲畜数量。

信息的缺乏和不对称很容易造成生态补偿实践中中央政府与保护地原住民之间可能存在"囚徒困境"的博弈。保护地原住民并不能确定中央政府财政转移支付款是否可以如实拨付，地方政府的相关行为是否公正合理，因此只能推断政府会克扣生态补偿资金；保护地原住民的态度会直接影响地方政府的行为，地方政府会主观上认为原住民都是较为难以沟通和协商的群体，由此制定行动策略。双方互不信任导致"逆向选择"效应，从一开始就会导致原住民与地方政府的关系紧张，存在普遍的信任危机，由此导致相互设防的"囚徒困境"。信息成本过高导致公共产品的生产形成"柠檬市场"效应，即保护地原住民会因缺乏信息而无法判断生态补偿机会成本的大小，从而倾向于维持原有生产方式，极大地消弭了地方政府参与生态补偿项目的积极性。

其次是监督成本。生态补偿款项拨付给保护地的原住民后，政府需要花费大量的成本用于监督生态补偿政策的实施情况，如三江源国家公园生态补偿政策推行后，政府需要组织大量的生态管护员岗位来监督禁牧和减畜的实施情况。这还涉及"委托代理"的道德风险问题，即担任生态管护员的牧民是否会担负起监督职责对同村的乡亲进行惩罚，因而还需要对管护员工作进行监督。实践表明，由中央政府对保护地生态补偿政策的监督，是完全不可行的，即使中央政府是生态补偿政策的唯一执行者。三江源国家公园通过建立生态管护员机制，有效地降低了政府的监督成本，但这并不是第一层融资的内容，在本书第 6 章，关于社区自治的内容将会有详细讨论。

4.2　多种形式的生态移民政策

4.2.1　生态移民政策的演进

"生态移民"一词在我国官方文件中最早出现于 2002 年国务院印发的《国务院关于进一步完善退耕还林政策措施的若干意见》，首次提出对居住在生态地位重要、生态环境脆弱、已丧失基本生存条件地区的人口实行生态移民（孟琳琳和包智明，2004）。2003 年实施的《退耕还林条例》规定，国家鼓励在退耕还林过程中实行生态移民，并对生态移民农户的生产、生活设施给予适当补助。由此可见，生态移民是将生态环境保护，消除社会贫困，实现人口、资源、环境与经济社会协调发展而采取的政策措施（包智明，2006）。

早在 20 世纪 80 年代初，中央政府就针对性的在生态环境极其恶劣的"三西地区"（甘肃定西、河西地区和宁夏西海固地区）尝试异地扶贫。针对"三西地区"的这种状况，中央政府开始有组织地实施自愿生态移民搬迁扶贫（马伟华和胡鸿保，2007）。"三西"农业建设计划于 1983 年正式实施，经过 10 年的建设，宁夏吊庄安置移民19.3 万人，贫困得到缓解，生态环境得到改善。"吊庄移民"安置模式的典型示范作用对全国生态移民具有深远影响。

20 世纪 90 年代末，"三西地区"的成功经验被广泛借鉴。中国政府决定顺势而为，进一步尝试推广易地扶贫移民。1994 年开始实施的"国家八七扶贫攻坚计划"是标志性事件，生态移民得以推广和发展，生态移民试点在许多省份都开始推行。"国家八七扶贫攻坚计划"实现了国家重点扶贫县的贫困人口从 5858 万人减少到 1710 万人的政策目标。脱贫与生态保护成为生态移民政策的核心目标。2001 年，《中国农村扶贫开发纲要（2001—2010 年）》和《关于易地扶贫搬迁试点工程的实施意见》等有关文件的相继颁行，生态移民有了规范性文件

指导，开始在全国范围内稳步推广。2001 年国家发展计划委员会制定
颁布的《关于易地扶贫搬迁试点工程的实施意见》是我国第一部专门
指导生态移民的规范性文件。结合 2003 年实施的《退耕还林条例》，
共同推动生态移民战略成为国家级政策（包智明，2006）。2005 年国
家发展和改革委员会制定的《易地扶贫搬迁"十一五"规划》明确指
出易地扶贫搬迁就是生态移民。生态移民的指导思想和原则、搬迁对
象、安置方式、建设内容和保障措施等内容也相继明确（刘学敏，
2002）。

4.2.2 典型的生态移民项目

2001~2003 年，宁夏、贵州、云南、内蒙古四省（自治区）率先
实施了易地扶贫搬迁试点工程，计划实现 74 万贫困群众的生态移民；
与此同时，甘肃、四川、广西、陕西等省（自治区）也开展了小规模
试点工作，生态移民规模大概为 4 万人。2004 年，生态移民试点扩大
到陕西、宁夏、广西、云南、贵州、内蒙古、四川、青海和山西九省
（自治区）。其中，宁夏、内蒙古、青海、甘肃是西部地区实施生态移
民最主要的四省（自治区）。

（1）内蒙古的生态移民概况

内蒙古生态移民工程 1988 年开始启动，主要目标是三年内投资
1 亿元，移民 1.5 万人，改善阴山北麓生态脆弱区生态环境（王艳梅，
2011）。2001 年，内蒙古下达了《关于实施生态移民和异地扶贫移民
试点工程的意见》，开始在生态环境脆弱、水土流失严重、荒漠化、草
原退化的地区开展大规模的生态移民。自 2002 年开始，内蒙古计划在
6 年时间内实施生态移民 65 万人，包括阿拉善盟实施的"收缩转移"
的生态移民工程，鄂托克旗实施的"异地扶贫搬迁"工程等（初春霞
和孟慧君，2006）。

（2）甘肃的生态移民概况

甘肃自 1983 年起开始将中部地区部分贫困人口向河西走廊地区和

中部引黄灌区转移。从 1983 年到 1997 年底，共移民 48 万多人（王海燕和闫磊，2014）。

（3）青海的生态移民概况

青海"三江源"地区素有"中华水塔"之称，在 20 世纪 90 年代后期，生态环境遭到巨大破坏，保护形势日趋严峻。青海省人民政府于 2000 年 5 月批准建立三江源省级自然保护区，并先后投资 20 多亿元，实施了"三北"防护林建设和野生动植物保护、天然林保护、退耕还林还草四大工程。2003 年初，三江源地区被国务院列为国家级自然保护区，正式启动了生态保护工程，主要包括退牧、休牧、轮牧及移民搬迁等内容（李屹峰等，2013）。2004 年编制的《青海三江源自然保护区生态保护与建设总体规划》提出要重点保护和建设青海玉树、果洛、海南、黄南等和格尔木管辖的唐古拉山等州县，并组织生态移民，项目总投资达 76 亿元（鲁顺元，2008）。截至 2011 年，三江源自然保护区生态保护和建设工程共完成投资 72 506.3 万元。完成禁牧草场 1209 万亩，补播 520 万亩，完成国家投资 25 821.50 万元。2011 年底，三江源自然保护区生态保护和建设工程已累计实施生态移民 14 477 户，涉及牧民 10 142 户、55 774 人。

（4）宁夏的生态移民概况

2001 年，国家发展计划委员会确定宁夏为生态移民搬迁试点工程项目区之一。根据《关于实施国家易地扶贫移民开发试点项目的意见》，六盘山水源涵养林区、重点干旱风沙治理区和水库淹没区的贫困人口是生态移民的重点，总人口为 30 万人。截至 2010 年底，宁夏累计安排资金 10 亿元，下达移民安置计划 11 万人，完成移民搬迁 69 736 人，占已下达计划的 63.4%。2011 年，宁夏的中南部生态移民工作第一批恢复建设项目 75 个，累计完成投资 19.95 亿元，培训移民 1.2 万人次，实现移民务工就业 6500 人。"十二五"期间，宁夏计划用 5 年时间将近 35 万贫困群众从不适宜居住、不适宜发展的环境里搬迁出去（李宁和龚世俊，2003）。总之，自生态移民工程开展以来，生态移民环境扶贫区域政策实施已经初显成效。基础设施和基本生产生活条件明显改善，贫困状况大为缓解。

4.2.3　生态移民的主要形式

按照不同的分类方式，生态移民的形式是非常多样的。

按照搬迁形式，生态移民可以分为整体搬迁和零散搬迁两类。整体搬迁是指将原住民从承包的农用地上迁移到异地安置，且禁牧（禁伐）期间不得返回草场继续放牧，从而实现对草原的永久保护，恢复草原生态环境目标。在禁牧期间，草场的承包权和经营权不得再次租赁与转让。零散搬迁是指将原住民自愿从保护地核心区域迁移出去。原住民可以自主选择搬迁到城镇定居立业，政府会提供相应的安置补助费用，但是要停止对资源的开发利用，一般以 10 年为期，以实现阶段性的生态恢复的目标。在此期间，原住民不能返回承包的农用地从事资源利用活动，但是 10 年之后可以返回草场或继续在城镇定居。

按照安置形式，生态移民可以分为集中安置和零散安置两类。集中安置是指通过对自然资源和社会经济发展水平等因素的综合考虑，建设生态移民安置社区，对生态移民统一安置。许多生态移民项目都采取这种方式。零散安置是指在政府引导的帮助下，原住民自愿搬迁，可以自主到自己愿意落户的地点。零散安置对于原住民来说，具有更多的选择。

按照搬迁距离，生态移民可以分为乡内安置、县内安置、跨县安置和跨市安置四类。乡内安置和县内安置是指将移民从保护地搬迁至移民原乡政府或原县政府所在地，不存在行政隶属关系的改变。跨县安置是指将移民从原住址迁出到另一个县政府所在地安置。跨市安置是指将移民从原住址迁出到另一个地级市政府进行安置。

多种形式的生态移民为政府和原住民提供更多的选择机会，但是不同形式之间在实施过程中遇到的困难和阻力是有差异的，虽然都有可能实现融资的终极目标（即遗产保护与改善民生），但是实现这些目标的成本是不同的，包括政府直接通过融资手段对生态移民补偿的经济成本，更主要的是实施生态移民过程中的交易成本。

4.2.4 生态移民政策的交易成本

生态移民虽然经常被认为可以实现保护地永久性的保护，但是生态移民可能潜藏着巨大的交易成本，包括信息成本、协商成本与监督成本（Williamson，1989）。

信息成本。生态移民一般涉及的人口和财产众多，而且移民过程中相关信息不断变化，如何确定"谁是移民"和"有多少财产"是地方政府必须面对的，要解决信息搜索、获取和分析问题，就意味着政府需要承担不菲的信息成本。在目前的生态移民项目中，"谁是移民"，即移民身份的确定一直是中央和地方政府非常棘手的问题。生态移民项目多数处于西部偏远落后地区，人口调查基本信息库普遍缺失，导致核实生态移民身份异常困难。除此之外，一系列细节问题都加重了信息获取的交易成本（黄东东，2016）：①大中专毕业后回到保护地的是否是移民安置对象？②之前自行"农转非"的原住民是否纳入移民补偿政策之中？③计划外生育的人员是否属于移民补偿对象？④女性外嫁和男性入赘的户籍或土地位于保护地内，是否属于移民补偿对象？

除此之外，原住民"有多少财产"也颇为复杂。一般情况下，不动产的价值受到区位、用途、面积等多方面因素影响，如果对生态移民的所有财产都进行评估，这导致的交易成本之巨大不言而喻。

为了降低确定移民身份和财产价值的信息成本，目前生态移民普遍采用"一刀切"的管理办法（陈若英，2011）：以时间点和空间边界为标准确定移民身份，即截止到某一年在生态移民区域内的原住民才能被认定为可以享受移民补贴；以"三原原则"确定不动产价值，即按照原规模、原标准和原用途对不动产价值进行补贴。"一刀切"的管理办法主要是为了同时实现更有效率地推进生态移民工程，显著地降低交易成本（信息成本）。但是"一刀切"的管理办法的"公平性"经常受到质疑，许多细节并不是"一刀切"可以解决的，反而引起其他问题，使交易成本增加。

协商成本。虽然国家公权力可以强制征收保护地内的原住民促使其移民到保护地外，但是会受到强烈的抵制。因此，地方政府会和生态移民展开旷日持久的"攻坚战"，其中的协商成本可能非常高昂。如何降低生态移民实施中的协商成本，一直都是生态移民工程成功与否的关键。一般协商成本体现在三个阶段（郭维平，2013）：舆论造势、搬迁动员和协议公证。

多年的移民工作经验显示，思想政治教育被认为是最重要的"工作法宝"。以往的生态移民工程实践普遍显示，把国家战略的生态移民重大方针政策和宏伟前景宣传到每家每户，广泛地调动广大群众的积极性，是生态移民工程的重要经验。不管是思想动员还是树立"移民榜样"，都需要投入大量的人力、物力和财力。当然，舆论造势虽然潜藏着不菲的交易成本，但能弱化移民内部的分化和重组，达到思想共识，变被动移民为主动移民，最终降低后续搬迁动员的交易成本。

搬迁动员的交易成本在整个生态移民项目中最为高昂。以往的生态移民实践表明，地方政府一般需要花费数年的时间，挨家挨户地动员搬迁。很多情况下需要经过从早到晚的、无数次的会议协商；通常移民工作小组成员被要求即使遇到原住民的强烈反抗和对峙，也要保持和善的协商态度。搬迁动员中，很重要的议题就是关于补偿标准的谈判，由前文关于生态补偿政策的梳理可知，我国关于保护地融资的标准各不相同，外加生态移民一般都会有自行的补偿政策，繁多的补偿政策导致巨大的谈判空间，因此交易成本陡增。因此，生态移民工程的成败大多数情况都取决于搬迁动员，当交易成本过高时，生态移民很可能就会以失败告终。

除舆论造势和搬迁动员外，在一些生态移民的实践中出现了移民和地方政府签订的移民协议公证。由于协议公证的真实性和效力都毋庸置疑，保护地内被要求搬迁的原住民也因移民工作的"法制化"和"规范化"图景而更确定未来预期补偿的可信性。然而，移民协议公证很多时候都只是徒增交易成本。多数情况下，生态移民并不能指望公证机构提供更有效的信息甄别或排除政府的不当行为，因为公证机关本身就是政府管辖下的机构。

监督成本。生态移民安置后，政府需要持续监督移民群体是否稳定，是否有返迁的现象出现，防止移民违约的交易成本（杜发春，2014）。不少生态移民研究表明，大规模的生态移民可能会形成新的社会力量，与安置地点的居民在生活习惯、生产方式和宗教信仰等方面都不一样，两类群体之间相互抵触，甚至爆发较大的冲突。还有一部分生态移民又悄然回到保护地内，因此政府需要花费较高的成本监督安置后的生态移民，一方面防止社会冲突的发生，另一方面监督他们不会再返回保护地。

综上所述，生态移民政策虽然被认为是非常有效的生态保护手段，但是其中的交易成本经常被忽略，直接导致生态移民政策的实施效果。如前文所述，生态移民有多种形式，其间的交易成本并不相同，在4.3 节的三江源国家公园的案例中，会对多种生态移民形式间的交易成本进行详细比较。

4.3 实证研究：三江源国家公园

青海三江源区是长江、黄河、澜沧江的发源地，是全国乃至东亚地区重要的淡水水源地，也是我国重要的水源涵养生态功能区。2000年5月，青海省人民政府批准建立三江源省级自然保护区，并于2001年成立青海三江源自然保护区管理局。2003年国务院正式批准建立三江源国家级自然保护区。2015年，中央全面深化改革领导小组第十九次会议审议通过《三江源国家公园体制试点方案》，2016年由中共中央办公厅、国务院办公厅印发。2017年，青海省第十二届人民代表大会常务委员会通过并颁布《三江源国家公园条例（试行）》，为三江源

国家公园建设提供法制保障。三江源国家公园体制试点区域总面积为
12.31 万 km²，涉及治多、曲麻莱、玛多、杂多四县和可可西里自然保
护区管辖区域，共 12 个乡镇、53 个行政村（课题组三江源区生态补
偿长效机制研究，2016）。

全球气候变化及人类生产生活对三江源区生态环境造成严重破坏，
导致黄河源多次断流。为保护和修复三江源区生态环境，中央政府和
青海省政府多次颁布相关政策法规，开展对三江源区的生态补偿。
2005 年，国务院批准《青海三江源自然保护区生态保护和建设总体规
划》（一期工程），启动了共计 75 亿元的保护与建设工程，是迄今为
止我国最大的生态保护项目。2008 年，国务院出台了《关于支持青海
等省藏区经济社会发展的若干意见》，明确提出加快生态补偿机制。
2010 年和 2011 年又分别出台了《关于探索建立三江源生态补偿机制
的若干意见》、《青海省草原生态保护补助奖励机制实施意见（试
行)》、《关于印发完善退牧还草政策的意见的通知》和《三江源生态
补偿机制实行办法》。2013 年，国务院又批准了《青海三江源生态保
护和建设二期工程规划》，多种融资政策为改善生态环境状况发挥了巨
大的作用（马洪波，2009）。总的来说，三江源国家公园的融资主要
分为两类，即生态补偿和生态移民。

4.3.1 生态补偿政策融资机制

三江源国家公园的生态补偿完全是政府主导的，而且是以中央政
府作为主体的直接补偿。从 2005 年开始，中央财政每年对三江源区的
生态补偿达 1 亿元。从三江源区财政总收入和地方财政收入来看，
90% 以上的财政收入来自中央的转移支付。与三江源国家公园有关的
生态补偿仍然主要分为四类：生态工程的支出（生态维护和生态治
理）、空间管制的补偿、激励机制的奖金和扶贫的转移支付
（表 4.13 ~ 表 4.16）。

表 4.13　三江源国家公园生态补偿中生态工程的支出

项目	补偿缘由	补偿标准	面积或人数	来源
生态维护	生态监测	5500 万元	—	《青海三江源自然保护区生态保护和建设总体规划》
	保护区管理维护费用	200 万元	—	
	生物多样性保护	500 万元	—	
	科研课题及应用推广	6280 万元	—	
	生态管护公益性岗位	4600 元/人	5.5 万人	
	国有林管护	75 元/hm²	198 万 hm²	
生态治理	黑土滩综合治理	1500 元/hm²	542 万 hm²	《青海三江源自然保护区生态保护和建设总体规划》
	鼠害防治	75 元	1572 万 hm²	
	水土保持	300 元/hm²	—	
	人工造林	300 元/hm²	21 万 hm²	
	中幼林抚育	120 元/hm²	6 万 hm²	
	沙漠化土地防治	1050 元/hm²	356 万 hm²	

资料来源：见附录表 B.5。

表 4.14　三江源国家公园生态补偿中空间管制的补偿

补偿缘由	补偿标准	面积或人数	来源
禁牧补偿	7.5 元/hm²	2243 万 hm²	《天然林资源保护工程财政专项资金管理办法》
草畜平衡	2.5 元/hm²	1387 万 hm²	《新一轮草原生态保护补助奖励政策实施指导意见（2016—2020 年)》
封山育林	1050 元/hm²	36 万 hm²	《长江上游、黄河上中游地区天然林资源保护工程二期实施方案》
牧民生产资料综合补贴	500 元/户	6.6 万户	《新一轮草原生态保护补助奖励政策实施指导意见（2016—2020 年)》
建设舍饲棚圈补助	3000 元/户	6.6 万户	《新一轮草原生态保护补助奖励政策实施指导意见（2016—2020 年)》

补偿缘由	补偿标准	面积或人数	来源
围栏建设补贴	300 元/hm²	664hm²	《青海三江源自然保护区生态保护和建设总体规划》
补播草种费	20 元/户	1032 万 hm²	《新一轮草原生态保护补助奖励政策实施指导意见（2016—2020 年)》

资料来源：见附录表 B.5。

表 4.15 三江源国家公园生态补偿中激励机制的奖金

补偿缘由	补偿标准	数量	来源
生态补偿政府执行资金	50 万元/县	16 个县	实地调研
草畜平衡奖励	5000 元/人	33 万人	《国务院常务会决定建立草原生态保护补助奖励机制》

资料来源：见附录表 B.5。

表 4.16 三江源国家公园生态补偿中扶贫的转移支付

补偿缘由		补偿标准	面积或人数或长度	来源
能源建设		5 000 元/户	13 万户	《青海三江源自然保护区生态保护和建设总体规划》
人畜饮水		690 元/人	65 万人	
小城镇建设		5 710.9 元/人	5.58 万人	
乡村公路		—	2 万 km	实地调研
"1+9+3"义务教育	学前教育	3 700 元/人	8 421 人	《三江源地区"1+9+3"教育经费保障补偿机制实施办法》
	小学生	3 900 元/人	99 986 人	
	初中生	3 900 元/人	36 965 人	
	中职生	4 200 元/人	4 314 人	
教育配套设施		2 200 元/人	136 951 人	—
学校危房维修		2 000 元	18.99 万/hm²	
师资培训		10 000 元	7 635 人	
提高教师补助		3 000 元	6 646 人	
新型农牧区合作医疗		280 元/人	67 万人	《青海省农村牧区新型合作医疗管理办法（试行)》

续表

补偿缘由	补偿标准	面积或人数或长度	来源
新型农牧区社会养老保险	400 元/人	42 万人	—
农牧区最低生活保障	1 500 元/人	11 万人	—

资料来源：见附录表 B.5。

4.3.2　生态移民政策融资机制

根据 2005 年的《青海三江源自然保护区生态保护和建设总体规划》，三江源区共涉及牧户 10 140 户、55 773 人，当时预计对三江源国家公园内的 18 个核心区以及生态退化特别严重地区的牧民进行生态移民。三江源国家公园生态移民政策的融资主要分为基础设施建设费和饲料粮补助费（表 4.17）、燃料和生活补贴（表 4.18）、养老保险补助、教育和就业补贴（表 4.19）。但是具体的补贴款会因生态移民的方式和地区的不同而有差异。

表 4.17　三江源国家公园生态移民基础设施建设费和饲料粮补助费

生态移民方式	具体情况	基础设施建设费/万元	饲料粮补助费/［元/(户·a)］
整体搬迁		8	8000（补助期 10 年）
零散搬迁	有草原使用证	4	6000（补助期 10 年）
	无草原使用证	3	3000（补助期 10 年）
已搬迁户安置	永久性禁牧区	4	6000（补助期 10 年）
	其他项	2	3000（补助期 10 年）
	以草定畜	2	3000（补助期 5 年）

资料来源：《青海三江源自然保护区生态保护和建设总体规划》、参考文献（杜发春，2014；苏薇，2016；任善英和苏薇，2016）。

表 4.18   三江源国家公园生态移民燃料和生活补贴

[单位：元/（户·a）]

地区	燃料补贴	生活补贴
玉树	2000	3900
果洛	2000	3900
黄南	800	4500
海南	800	4500
格尔木	2000	3900

资料来源：任善英和苏薇（2016）。

表 4.19   三江源国家公园生态移民教育和就业补贴

补偿项目	标准	人数
异地办学奖励	初中生 2200 元	2000 人
	高中生 2700 元	1000 人
	中职生 3200 元	1000 人
农牧民转移就业	850 元	1500 人

资料来源：《青海三江源自然保护区生态保护和建设总体规划》。

为了保障生态移民的生活，三江源国家公园的融资还包括医疗和养老保险，每年对农村低保家庭进行救助，根据收入水平的差异，分别补助 1200 元、1000 元、800 元和 640 元。为了提升生态移民后代的教育水平，政府提供异地办学奖励等（表 4.19）。

4.3.3   融资的成效

保护地空间管制的目的主要有两个：一是遗产保护，包括保护具有突出的普遍价值的遗产资源和遗产载体的生态环境；二是改善民生，包括居民收入的提高和公共服务能力的提高。

在遗产保护方面，三江源国家公园取得了很大的成效，体现在三个方面：①草原面积显著增加。中等和高等覆盖度草地面积稳步增加，严重退化地区植被覆盖度明显提高。治理退化草地总面积达到 1356km²，植被退化趋势显著改善。黑土滩综合治理区植被覆盖度由

20%提高到80%；干草年均产量为 67 466kg/km^2，比之前的年均产量多 14 243kg。②载畜量明显减少。青海省草原总站、青海省三江源生态保护和建设办公室资料显示，2003～2009 年，三江源国家公园载畜量降低了 300 万～500 万羊单位，占总载畜量的 14%～23%；禁牧面积为 26 100km^2，占可利用草地面积的 11%；由移民带来的减畜量约为 241 万羊单位，48.1% 的移民家庭草场也处于禁牧状态。③生态环境明显改善。草地生态系统净初级生产力提高 13.06gC/（m^2·a），湿地生态系统净初级生产力提高 26.03gC/（m^2·a），水源涵养量提高 0.667 亿 m^3。除此之外，主要生态工程项目也稳步推进（表 4.20）。

表 4.20　三江源国家公园生态工程项目实施情况

	工程名称	工程总量/万 hm^3	已完成工程量/万 hm^3	完成比例/%
已经完成	退耕还林	0.65	0.65	100
	沙漠化土地防治	4.41	4.41	100
	鼠害防治	209.21	785.41	375
尚未完成	退耕还草	643.89	370.27	57.5
	封山育林	30.14	19.33	64.1
	重点湿地保护	10.67	3.87	36.2
	黑土滩综合治理	34.84	9.23	26.5
	水土保持	5	1.5	30

资料来源：青海省三江源生态保护和建设办公室。

在改善民生方面，三江源国家公园的农牧民生产生活发生了重大变化。草原牧民从粗放型游牧生产向规模化、集约化的产业转型，农牧业生产效率提高，农牧民就业类型更为多样化。2005 年，三江源国家公园的融资机制全面开始实施，农牧民人均收入总体上大幅度提高，从 2004 年的 1807.13 元到 2010 年的 3132.14 元，提高了 73%。虽然产业发展受限，但三江源总财政收入大幅度提高，高于青海省其他平均水平（表 4.21）。三江源国家公园融资政策实施之后，23 个小城镇的基础设施得到显著改善（表 4.22）。

表 4.21 三江源国家公园融资政策实施前后财政收入变化

地区	2004 年 财政收入/万元	2010 年 财政收入/万元	增幅/%
三江源区	76 987	469 089	509
青海省	1 425 380	5 974 197	319

资料来源:《青海统计年鉴》。

表 4.22 三江源国家公园融资政策实施情况

建设项目	饮用水建设惠及人口	能源建设惠及人口	产业扶持	科研培训
受益人群	6.16 万人	4 万人(61 个学校)	10 个移民县	3.7 万人次

资料来源:青海省三江源生态保护和建设办公室。

除此之外,以教育补偿为主的融资也取得了显著成绩。青海省在国家的大力支持下,建立了"1+9+3"教育经费保障机制,并对异地办学实施奖励制度;支持农牧民劳动技能培训和劳务输出等。目前,"1+9+3"教育经费和异地办学奖励已经拨款 15 615 万元,农牧民技能培训和转移就业补偿 18 144.25 万元。

尤其是生态移民工程,对农牧民生活改善非常明显。青海省三江源生态保护和建设办公室资料显示,三江源区共建生态移民社区 113 个,移民总计 7.7 万人,总户数 14 686 户,占总户数的 12%。从生态移民前后生产生活、人际关系和心理适应的变化也可以看出生态移民项目的优劣。根据杜发春(2014)、苏薇(2016)、任善英和苏薇(2016)的田野调查,移民前三江源移民人均生产总值不超过 3000 元,低于全省农牧民人均 4608 元的平均水平,生态移民后,超过 50% 的家庭收入都有所增加。但是移民后的主要收入变为了依靠政府补贴,自身创收能力不足,将近 70% 的家庭移民后的主要收入是政府补偿款。

调研发现,虽然居民收入有普遍增高,但是居民对移民后的生活并不十分满意。虽然政府在补偿款项上基本不会有克扣的情况,但是在技能培训方面却远远不能落实,仅有 20% 左右的人参加过政府组织的移民就业培训。在生活起居方面,移民普遍反映"吃不上牛羊肉了,物价太贵了"，将近70%的移民表示"仅食物开销就占总收入的一半"。不仅在饮食方面，生态移民在服饰和住房方面也普遍表示不满意，但在子女教育、医疗、交通、通信方面普遍表示满意。

4.3.4 两类政策的交易成本比较

综合比较生态补偿和生态移民两类融资政策工具，虽然生态移民可能实现更好的遗产保护，但是其中交易成本可能会更大。本节将比较不同形式的生态移民和生态补偿政策的交易成本的大小。

按照安置方式来分（表4.23），三江源生态移民以县内安置为主，占移民总数的69.0%，其次是乡内安置（20.4%），跨市安置最少，仅占移民总数的4.7%。

表4.23 三江源生态移民安置方式构成

安置方式	玉树/户	果洛/户	海南/户	黄南/户	海西/户	总计/户	比例/%
乡内安置	169	304	563	813	0	1849	20.4
县内安置	3509	1266	1175	184	128	6262	69.0
跨县安置	0	252	0	287	0	539	5.9
跨市安置	240	189	0	0	0	429	4.7
合计	3918	2011	1738	1284	128	9079	100

资料来源：青海省三江源生态保护和建设办公室。

这四类生态移民和生态补偿的交易成本有显著差异，尤其在协商成本和监督成本方面，随着迁移距离的增加，协商成本会显著提高，移民之后社会冲突也会非常高，但是回到三江源国家公园继续放牧的可能性会明显减小。根据苏薇（2016）的田野调研可知，在各类生态移民中，跨市安置是最难动员的，因为远距离的搬迁会增加移民的额外负担，随着搬迁距离的增加，饮食和服饰变化的可能性越大，移民的适应性也越差，其中包括不熟悉安置地当地语言，缺少非移民朋友，不满意村干部等。这些种种情况导致出现两个严重问题：首先，安置地的居民对生态移民普遍有抵触情绪，由此导致大范围的抵触和冲突事件；其次，生态移民因难以适应安置后的生活，开始悄悄地返回三江源国家公园继续放牧，因此政府的监督成本陡然增加。部分群众表示：

搬迁下来后，没有手抓食物，我就是曲麻莱人，我希望成为格尔木人，但是感觉希望不大。

——曲麻莱搬迁到格尔木的某位移民

夏天想回，但是冬天就不想回去了。

——某位县内安置的移民

想回去，现在收入太少了，开销太大了。

——某位跨县安置的移民

不想回去了，放牧也辛苦，而且以前家里啥也没有了。

——某位跨市安置的移民

总的来说，随着搬迁距离的增加，协商成本和监督社会冲突的成本都较高，而监督再次返牧的成本会降低（表 4.24）。

表 4.24 生态补偿与不同搬迁距离的生态移民交易成本比较

成本		生态补偿（无移民）	乡内安置	县内安置	跨县安置	跨市安置
信息成本		无差异				
协商成本		较低	较低	较低	较高	高
监督成本	社会冲突	无	低	低	较高	高
	再次返牧	较低	高	较高	较低	低

相较于整体搬迁和零散搬迁，生态补偿在信息成本、协商成本和监督成本三个方面都较低。在信息成本方面，政府更容易在整体搬迁项目确认移民身份和不动产价值，而零散搬迁需要每家每户的调查和估价，因此信息成本非常高，杜发春（2014）调查发现，在三江源国家公园生态移民项目中，整体搬迁占总人数的70%以上。当地政府官员和移民表示：

整体搬迁比较好，可以一次性调查（人口情况），不用每家每户的去盘问……每户有多大的房子，多少牛羊，可以一次性都知道，方便得很……

——三江源国家公园内的某乡长

我是自愿搬迁过来的，但是中间问题非常多。为啥村干部有牛有羊有补贴，为啥长江源村草场补助那么高？

——曲麻莱某位移民

在协商成本方面，零散搬迁却比整体搬迁要低。奥尔森提出的集体行动理论表明，集体规模越大，人均利益份额就越小，集体获得公共物品数量也就远远低于最优水平；个体从公共物品获得的收益就越不足以抵消他们提供的公共物品所支出的成本；相应地，组织成本越高，获取集体物品所要跨越的障碍就越大。因此，集体规模越大，它就越不可能提供最优水平的公共物品，而且规模较大的集体在没有强制或独立的外界激励的条件下，一般不会为自己提供哪怕是最小数量的物品。因此，整体搬迁的协商成本会非常高，但相对的监督成本会比较小，因为整体搬迁后，移民之间形成相互监督的机制，再次返牧的行为会得到有效监督（表 4.25 和表 4.26）。

表 4.25　生态补偿与不同搬迁形式的生态移民交易成本比较

成本	生态补偿（无移民）	整体搬迁	零散搬迁
信息成本	较低	较低	高
协商成本	较低	高	较高
监督成本	较低	较低	高

表 4.26　生态补偿与不同安置形式的生态移民交易成本比较

成本	生态补偿（无移民）	集中安置	零散安置
信息成本	较低	较低	
协商成本	较低	高	较低
监督成本	较低	高	高

综上所述，虽然生态移民理论上可以实现草原生态与资源的永久

保护，但是其交易成本非常高昂，杜发春（2014）的调查证明，"生态移民"很可能变为"生态难民"，大量的生态移民有意或者已经返回草原继续放牧，生态移民政策有极大的失败风险。生态补偿政策虽然也有较高的监督成本，即实时监管草原禁牧和减畜的成效，但生态补偿政策不会破坏原有牧区社会组织关系，也不会带来生态移民引发的社会冲突。由三江源国家公园的案例可以看出，生态补偿政策的融资机制优于生态移民政策，较小的交易成本会促使政策更有效地实施。有移民表示：

家里面有四口人，原先收入主要是卖畜牧产品，现在收入降低了，移民对我的好处不多，政府太着急了，房子也没给盖好，就急匆匆地让大家搬过来了，新闻也登出来了。搬迁这事情，对老人孩子不错，对中年人太苦了。没有牛羊，没有生意，没有虫草。

——泽库县某位移民

4.4 小　　结

本章主要讨论我国保护地空间管制第一层融资的主要方式。研究发现"生态补偿"政策具有多重制度功能：空间管制的补偿（本书关注的重点）、生态工程的支出、激励机制的奖金和扶贫的转移支付，其中空间管制的补偿并不是份额最大的补偿缘由，因此在生态补偿逐年增多的情况下，保护地在处理土地纠纷、利益补偿方面经常捉襟见肘。"生态移民"政策具有多种形式，按搬迁形式分为整体搬迁和零散搬迁，按安置形式分为集中安置和零散安置，按搬迁距离分为乡内安置、县内安置、跨县安置和跨市安置。生态补偿和生态移民两类政策在信息成本、协商成本和监督成本三个方面各有高低。以三江源国家公园为例，在梳理生态补偿和生态移民的融资机制基础上，本章总结了三江源国家公园融资的成效，同时也对比了两类融资的交易成本。研究显示，生态补偿政策虽然也面临较高的监督成本，但总体上交易成本优于生态移民。

第 5 章　　保护地空间管制的第二层融资

本章论述的保护地空间管制的第二层融资为地方政府扩充保护资金提供了新的途径：可以借鉴利益还原融资的理论来解决或缓解保护地空间管制补偿资金不足的问题。在经济环境普遍低迷的背景下，许多国家地方政府的传统财政收入出现下滑，因此融资政策工具的重要性不断凸显（Ingram and Hong，2012）。传统的融资是指捕获那些由人口增长和社会经济发展（Lepak et al.，2007）、公共基础设施投资（Rybeck，2004；Kivleniece and Quelin，2012）、空间管制（Alterman，2012）等导致土地的价值"意外"地增加。基于此，通过捕获保护地空间管制带来的周边土地的增值，用于支付保护地所需资金，理论上是可行的。

保护地的空间管制无疑改变了保护地内外的土地价值。众所周知，大部分保护地被划为禁止开发区，尤其是列入《世界遗产名录》的保护地，其空间管制更为严格。保护地内土地承担着维护生态系统平衡、保护优质景观资源和促进居民社会和谐等多重功能，因此被限制开发，发展权也完全由国家所有，导致其土地价值较低。而保护地核心区周边的土地，由于地理位置优越，景色优美，居住环境宜人，商业活跃，价值反而大大增加。如果保护区内的居民毫无节制地开发利用土地（遗产资源），势必会造成保护地内严重的环境退化和景观破坏，那么保护地周边的土地所有者便不再享有土地增值收益。因此，保护地外的土地增值应该被捕获以用来补偿保护地内土地价值受限的所有者。虽然土地价值捕获在国外学术论著中已经被广泛提及，为本章的进一步研究奠定了基础，但是已有的价值捕获研究中很少涉及保护地，尤其是对保护地空间管制带来的周边土地增值的捕获更是鲜有提及。因此，本章将着重论述以下内容：①保护地空间管制对外围土地增值如何融资？不同融资方式交易成本是否有差异？②保护地空间管制的第二层融资的主体如何确定？③以西湖文化景观为例，不同融资的效果是否有差异？

5.1 融资方式的比较

5.1.1 适用的融资方式

在城市规划领域，Alterman（2012）通过比较 13 个国家融资的政策制度，提出了融资的不对称性：土地所有者自动享有由空间管制决策产生的增值收益，但空间管制造成的土地价值下跌所应获得的补偿却被排除在制度设计之外。中国的保护地空间管制却呈现出一个力求对称的故事：保护区以外的土地所有者被允许保留土地增值收益，但保护地内的原住民也同样要求赔偿他们受限制的土地发展权和其他财产使用权。以西湖文化景观为例，杭州西湖风景名胜区管理委员会早已取消了门票收费，将遗产保护的经济负担转移给了地方政府，而西湖文化景观范围以外的土地价格在这几年急剧上涨。根据融资的对称性理论，地方政府应该捕获土地增值中的"暴利"，并赔偿那些因遗产保护空间管制而遭受经济损失的人。

正如前文所述，融资分为三类：①涉及土地权属的融资政策工具；②涉及土地税费的融资政策工具；③涉及土地重划的融资政策工具。但这些政策并不都适用于保护地空间管制的第二层融资。土地征收、长期公共租赁和土地储备等宏观政策工具的使用在国际范围内越来越艰难。以西湖文化景观为例，保护地内有 5.4 万人居住，占地面积 2.835km^2。根据 2017 年的土地交易记录，杭州市区住宅用地每平方米的平均销售价格约为 9 万元。换句话说，政府必须支付 2550 亿元用于西湖文化景观农村集体宅基地的国有化，这对地方政府来说是一笔很大的开支。因此，宏观融资政策工具并不十分适用于当今中国的保护地。直接融资政策工具通常是指税收，在明确的法律支持下试图捕获全部或部分不动产的增值（Alterman，2012）。涉及土地税费的融资可以分为两个亚类：①由一般经济或社会趋势引起的增值；②由特定类型的空间管制决策或扩大公共基础设施投资所创造的增值。直接融资可能有多种形式，包括对土地或房屋征收不动产税或对房地产增值征收增值税等。涉及土地重划的融资政策工具主要是生态补偿和生态移民。在中国，较高的交易成本使涉及土地重划的融资政策工具很少应用于遗产保护。一方面，政府和开发商没有精力也不意愿去和土地权利人协商土地调整的具体细节；另一方面，即使采取了间接融资策略，地方政府更倾向于提供可以带来显著经济增长的基础设施投资，而非遗产保护这类难以体现政绩的工程项目。

因此，涉及土地税费的融资政策工具最适合中国国情。目前中国土地税费主要包括四类（表5.1）：①土地直接税收，包括城镇土地使用税、土地增值税、耕地占用税和契税；②土地间接税收，包括与土地转让有关的营业税、建筑和房地产企业营业税和所得税、城市房地产税；③土地收费，包括新增建设用地有偿使用费和土地、财政管理部门收费；④土地出让金。中国地方政府的土地收入规模巨大，土地直接税收、土地间接税收、土地收费和土地出让金净收入的比大约为2∶4∶3∶5，也就是分别约占土地财政总收入的14%、29%、21%和36%。

表5.1　中国土地税费金体系

	税种	税基单位	备注
土地直接税收	城镇土地使用税	面积	无法体现土地的增值或极差地租
	土地增值税	土地增值部分价值	很多城市尚未开征
	耕地占用税	土地面积	一次性征收，不能反映土地增值
	契税	土地和房产价值	是土地直接税收中占比最大的税种

	税种	税基单位	备注
土地间接税收	与土地转让有关的营业税	营业额	土地间接收入一般占地方财政收入的20%~30%
	建筑和房地产企业营业税和所得税	营业额和利润	
	城市房地产税	土地及房屋价值	
土地收费	新增建设用地有偿使用费	土地面积	很难估算，但体量巨大
	土地、财政管理部门收费	—	
土地出让金		土地价值	—

5.1.2 融资方式的交易成本

《中华人民共和国宪法》第十条规定"城市的土地属于国家所有。农村和城市郊区的土地，除由法律规定属于国家所有的以外，属于集体所有；宅基地和自留地、自留山，也属于集体所有"。《中华人民共和国土地管理法》（1998 年修订版）第六十三条规定"农民集体所有的土地的使用权不得出让、转让或者出租用于非农业建设"；第四十七条规定"征收土地的，按照被征收土地的原用途给予补偿"，具体补偿费用包括土地补偿费、安置补助费以及地上附着物和青苗的补偿费，第四十七条同时规定了土地补偿费、安置补助费的计算规则。这种征地补偿标准主要根据土地被征收前的用途（农业用途）确定价值，相关安置补偿的法定根据是其成本价，国家实际上得到了土地增值收益。可以说，法律虽未言明，但可以确定，城市土地存在土地增值，而集体土地增值尚未纳入现有法律框架内。

对于城市土地来说，《中华人民共和国土地管理法》（1998 年修订版）第五十六条规定建设单位使用国有土地的，应当按照土地使用权出让等有偿使用合同的约定或者土地使用权划拨批准文件的规定使用土地。《中华人民共和国城镇国有土地使用权出让和转让暂行条例》第十二条规定"土地使用权出让最高年限按下列用途确定：（一）居住用地七十年；（二）工业用地五十年；（三）教育、科技、文化、卫生、体育用地五十年；（四）商业、旅游、娱乐用地四十年；（五）综合或者其他用地五十年"。也就是说，城市土地属于长租制的土地管理方式，目前来看，政府有四种捕获：①在土地"招拍挂"出让阶段获取"土地出让金"；②土地出让合同变更时补交"土地出让金"；③土地（不动产）交易阶段获取"契税"；④土地（不动产）保有阶段的房地产税。

然而，这四种土地价值捕获的机制并不相同，之间的交易成本也不尽相同。本章将仔细比较四种土地价值捕获机制的交易成本。Coase（1988）最早就提出了消除负外部性的最有效途径，即当交易成本为零时允许参与各方讨价还价，消除负外部性不依赖于产权的初始分配，而依赖于当事人间无成本的契约。土地长租制捕获土地增值与此性质相同。当交易成本很小时，最有效的分配土地增值的途径是让政府和业主之间相互协商。土地租约指定了收益权、划分土地价值和执行协约的方法，如何分配土地增值就一目了然了。

而实际上，交易成本永远都存在。因此，假设土地出让合同的交易成本很低是不合适的。许多学者，如 Williamson（1985）、Barzel（1989）和 North（1990）同样认为应该将交易成本看作分析的核心而非假设其为零。这些学者更关心基于交易成本理论识别经济交换和制度变迁的阻力。在土地长租制下，捕获土地增值可能存在四类交易成本。

首先，维持政府在土地出让过程中的公正性的成本。在土地长租制下，政府拥有且管理城市土地的供给。如果公职人员拥有不可置疑的分配权力，在协商合同时强行加入个人意愿，不遵守契约协议也不会受到制裁，那么土地出让将挫伤私人开发商的积极性。商定私人土地合同时，现有的法律条文和管理规定了契约达成的过程。当然也应该存在第三方——或者是政府或者是司法体系——执行这些规则。如果政府既是合同当事人又是规则执行者，同时参与到合同的谈判中，这可能造成"既是运动员又是裁判员"的问题。虽然多数国家的政府不是独裁的，都有一套监督平衡机制来限制政府权力，但在我国还是会出现土地腐败问题屡禁不止的现象。建立"正式"和"非正式"的规则来阻止腐败及其他不法行为是存在成本的。即使政府是清廉的，土地公有制仍有可能是无效率的，原因是信息的不对称，不能获知所有信息来做出正确的分配土地资源的决定。如果公职人员或咨询专家没有足够的信息和专业能力管理公有土地，可能会造成资源的无效分配。政府行为对外部性的干预的有效性一直受到质疑（Coase，1988）。不符合市场规律的政府行为可能导致资源的无效配置。决策者必须权衡政府干预的成本和收益，如果政府参与弊大于利，那么不如不作为，社会将更好的运转。政府在土地长租制捕获增值收益中起着关键的作用，因此了解其干预行为的交易成本十分重要。

其次，明确利益相关者的土地收益权的成本。尽管当事人可以在租约中清晰地规定其土地权利，但由于信息的不全面，出让合同条款总是难以覆盖所有权利。例如，经济环境的变化就可能导致政府、开发商和居民对保留土地增值权利的预期产生不一致。当偶然事件发生时，利益相关方必须重新协商，共同承担重新划分土地产权带来的成本。政府、开发商和居民对土地价值迅速增加预期不一致，以及合同续期时对如何划分土地增值产生分歧。

再次，土地长租制也可能导致较高的谈判成本。如果政府和开发商之间的一方不相信另一方愿意合作并达成双赢的协议，那么协商必然缺乏激励。虽然政府保有对土地的所有权，但并不希望挫伤市场对土地和不动产的投资的积极性。资本团体也认为政府在营造有利的投资环境中起到重要作用。地方政府提供了充足的公共基础设施和社会服务，以及整洁怡人的居住环境。尽管利益相关者都希望谈判，但当参与者的数目较大时协商的成本仍然可能会非常高，尤其是涉及老旧住宅改造项目时，一栋建筑中有 20 多个住户是很常见的，因此集体行动非常困难。

最后，土地出让后的管理和执行也存在成本。土地合同约束了各参与方的行为，必须强制执行，无强制力将导致没人遵守合约，必须有合法的管理机构来强制各方履行合同，除此之外，政府必须保存好土地合同的档案，准确归档，但维持登记和造册成本较高。政府还需要定期再评估土地和不动产的价值。所有这些程序都需要土地市场专家和熟练的管理者，而政府通常需要支付他们较高的薪水。上述交易成本模型将被用来比较保护地空间管制第二层融资获取土地价值的优劣（表5.2）。

表 5.2　第二层融资的主要方式

成本	在土地"招拍挂"出让阶段获取"土地出让金"	土地出让合同变更时补交"土地出让金"	土地（不动产）交易阶段获取"契税"	土地（不动产）保有阶段的房地产税
维持政府公正性的成本	高	低	低	低
界定土地收益的成本	低	低	低	高
谈判成本	低	高	低	低
执行成本	低	低	高	低

（1）在土地"招拍挂"出让阶段获取"土地出让金"

通过"招拍挂"收取土地出让金，从而获取土地增值的机制，在权利界定、谈判和执行等方面的交易成本较低。在权利界定方面，土地在出让之前归政府所有，所以很明显政府有权获得土地增值，政府有权保留全部拍卖土地的土地出让金是无可争议的。

拍卖土地权利的方法也营造了竞争氛围，可以使谈判成本最小化。公开拍卖之前，土地的主管部门根据被拍卖土地的特征编制拍卖文件，竞买人在竞买申请截止日期前提出竞买申请，交纳不少于拍卖文件规定的保证金。拍卖文件是不能协商的，开发商主要使用这份文件争取在公开拍卖中竞得最高价格。如果政府发现某一地块的竞标价格过低，可以从拍卖中撤回拟出让的土地。类似的，如果开发商认为开出的标价太高，可以停止参与竞标。这样，并不需要对条款和出让金进行冗长的讨价还价。总之，公开拍卖中政府利用投标人间的竞争确定地价。

由于土地权利清晰划分，这种类似市场的机制使各方当事人能够以较低的成本分配土地增值。

（2）土地出让合同变更时补交"土地出让金"

改变出让合同中用地条件的确权成本都比较低。变更的涨价是为了支付获取初始租约中没有包括的土地权利。政府拥有分配权，因此谁应该获得这些开发权带来的利益是无须争论的。用地条件的变更分为三类：容积率调整、用途变更和土地面积变动。政府对于三类用地条件变更带来的土地涨价都有明确的计算规则，所以变更的协调成本也比较低。这些系统化的规则确保政府不必具体问题具体分析，这省略了与开发商之间冗长的确定变更涨价的协商谈判。

实际上，主要的谈判成本不在于确定用地条件改变带来的涨价，反而在于利益相关者之间的讨价还价。当用地条件变更涉及许多土地权利人（旧住宅区更新等），政府不划分个人所有者的土地权利时，土地出让合同包含未划分的土地权利。如果土地开发商希望重新开发一个地块，必须购买成百上千的居民的土地权利。有些人会拒绝这一要求而阻碍全部的再开发计划。目前尚没有规定要求少数人遵守多数人的决定。如果存在很多不肯妥协的转租人，那么协商转让这部分土地权利将耗费大量的时间与成本。这种情况在现实中非常普遍。当谈判成本高于通过公开拍卖获取土地的费用时，开发商会因为谈判过程冗长且烦琐而放弃再开发的计划。接受访谈的开发商与原土地权利人确定土地权利出售的价格相当困难。这一问题常使再开发计划无法启动。结果，他们对土地再开发的抵制使政府通过租约变更获取土地价值的能力下降。

最后，租约变更支付的执行成本较低。当开发商全额支付了这部分金额后，政府才会批准动工。这样，如果再开发计划失败，政府几乎不存在对方无法履约的风险。除确定承租人将土地权利转让给开发商的转让价格外，总的说来协约变更这种分配土地价值方式的交易成本较低。

（3）土地（不动产）交易阶段获取"契税"

契税是指不动产（土地、房屋）产权发生转移变动时，当事人所订契约中的产价的一定比例向新业主（产权承受人）征收的一次性税收。土地税收虽然名目众多，但可以看到，大部分的直接税收的课税基础是基于面积的，因此不能反映级差地租，也不能反映土地增值，"成长性"较差（周飞舟，2007）。因此，契税是地方政府土地直接税收中规模最大、调节性最好的税款。土地（不动产）交易过程中，买卖双方的权利边界都非常清晰，因此基本上不存在确权的成本。《中华人民共和国契税暂行条例》中明确规定了契税的税基、税率和适用条件，因此也不存在较高的交易成本。

土地（不动产）交易阶段获取"契税"最大的成本出现在执行阶段，由于买卖双方是基于市场原则的交易行为，政府很难进行监管。目前出现很多"阴阳合同""假离婚"等逃避缴纳契税的情况，政府需要花费很大精力监管逃税行为。

（4）土地（不动产）保有阶段的房地产税

虽然1986年国务院发布《中华人民共和国房产税暂行条例》，但房产税从未真正征收过。2011年，上海、重庆宣布开始试点房产税。2017年，财政部部长肖捷在《人民日报》发表署名文章[①]，提及推动房产税的立法和实施。由此可见，房产税在全国范围的征收势在必行。

目前来看，推行房产税的前提是全面实行不动产统一登记，在此基础上征收房产税前的确权成本就会大大降低。与契税相比，房产税的执行成本是非常低的，政府通过定期的不动产价值估算可以有效地捕获土地增值收益。房产税开征最大的交易成本将会出现在界定土地收益的成本阶段，即房产税的征税标准，如按照人均住房面积还是户均住房面积征收，首套房是否需要交税，是否实行梯度税率等。这些议题还需要中央政府、地方政府和民众之间广泛的交流（谈判）。

---

① 肖捷：加快建立现代财政制度. http：//www. rmlt. com. cn/2017/1220/506537. shtml.

5.1.3 融资边界确定方法

一般情况下，比较不同保护地融资机制的融资强度是非常困难的，最难的是确定空间管制外部性的空间边界（Booth et al.，2012）。另外，剥离土地价值与建筑物价值并不容易，所以估计房地产价值是很复杂的，即使这两个价值可以分开，土地价值往往是一个粗略的估计，如占房地产价值一定比例（Ingram and Hong，2012）。因此，我们将衡量保护地空间管制对周边二手房和写字间价格的增值效应。

二手房交易价格和写字间租金的空间自相关在许多研究中已经被证实，也经常出现在特征价格模型中（LeSage，2014）。因此，在本研究中选用综合了空间滞后模型（SLM）和空间误差模型（SEM）的空间混合自回归（SAC）模型。本研究认为不动产价格的空间自相关存在三种途径：首先，一个地区的房地产价格的上涨可能导致邻近地区的房地产价格的上涨（Baltagi and Bresson，2011），在这种情况下，SLM 适用于有效解释不动产价格的空间邻近效应，也就是通常说的"Y 的滞后"。其次，每个房地产样本的误差项可能与其他样本点的误差项相关，这是因为模型中尚存在一些被忽略的变量，如房地产的内部布局、外观设计和其他物理特征，导致空间误差项并不独立（Anselin and Lozano-Gracia，2009）。SEM 考虑到了误差项的空间自相关，专门用于解决"ε 的滞后"问题。最后，即使房地产所在街区内的土地利用没有变化，房地产价格仍有可能增加，因为邻近地块可能新增了公共投资，空间 Durbin 模型（SDM）可以应对这种情况，在模型中包含解释变量的空间滞后（Brasington，2004）。鉴于自由度，"X 的滞后"并没有体现在模型中，许多文献已经表明，X 的滞后效应可以纳入 SEM（Anselin and Le Gallo，2006）。综上所述，我们的研究将基于 SAC 模型来解决这三类自相关问题。

通过 Moran's I 判断写字间租金和二手房交易价格的空间自相关性。由于相邻关系有多种定义，并没有所谓的"正确的"空间权重的选择方法（Anselin，2002）。在本研究中，我们考虑两个空间权重来评估结果对模型设定的敏感性。一是通过房屋位置构造泰森多边形形成的邻接关系，Anselin 和 Le Gallo（2006）在住房价格的研究中采用这种方法；二是根据部分住房研究案例（Pace et al.，2000）论证相邻的 12~15 个房屋的价格对房价有影响，通常采用 12 个相邻样本点来确定权重。在本研究检验中，这两个空间权重之间并没有显著差异。

基于标准特征价格模型，采用最小二乘法估算保护地空间管制对周边二手房交易价格和写字间租金的影响。设二手房交易价格和写字间租金自然对数为因变量，初始模型为

$$\ln(\text{price}) = \alpha + \beta_i x_i + \delta_i C_i + \varepsilon_i$$

式中，α 是常量；β_i 和 δ_i 是系数；C_i 是控制变量；ε_i 是解释变量，即西湖文化景观边界与研究样本点之间的路网距离。

除此之外，确定保护地空间管制对于不动产价格的影响通常是非常复杂的，因为保护地的外部性影响一般是空间非线性的。为了消除不动产价格的空间自相关，我们建立了空间回归模型，比较分析了西湖文化景观对杭州市城区不动产的影响。基于变量之间的差异，我们采用两个空间混合模型来解决空间自相关问题。

空间权重矩阵 $\boldsymbol{W}$ 对空间模型具有重要影响，现有文献已经提出了各种类型的参数，包括距离矩阵和邻近矩阵（Dubin，1998；Kim et al.，2003）。在本研究中，将采用如下思路：①在最小二乘法的回归情况下，如果模型 Moran's I（Price）和 Moran's I（Error）都是显著的，则必须选择空间回归模型；否则，我们选择最小二乘法回归。②如果空间滞后模型与空间误差模型之间没有明显的优劣差异，则在选择空间滞后模型的基础上，判断空间滞后模型中 Moran's I（Error）是否显著，如果是显著的，就需要最终选择空间混合自回归模型。

SLM、SEM 和 SAC 模型的一般形式可写为

SLM：$\ln(P) = \rho W_1 y + \alpha + \beta x + \delta C + \mu$

SEM：$\ln(P) = \alpha + \beta x + \delta C + \mu \quad \mu = \lambda W_1 \mu + \varepsilon$

SAC：$\ln(P) = \rho W_1 y + \alpha + \beta x + \delta C + \mu \quad \mu = \lambda W_1 \mu + \varepsilon$

式中，ρ 是因变量空间滞后的参数（LeSage and Pace，2010），静态情况下，必须保持 $1 \geqslant \rho \geqslant -1$。如果 $\rho = 0$，则该方程是标准线性回归模型。如果空间模型不能代表现有的空间依赖关系，则估计的 ρ 将会很低或者不显著。W_1、y 是权重向量；α 是常数；β 是系数；X 是控制变量。

模型还包括两组控制变量以控制其他因素对写字间租金的影响，即写字间的物理属性和区位属性；三组控制变量以控制其他因素对二手房交易价格的影响，即房屋属性、社区属性和区位属性。

如上所述，不动产的价值随着距西湖文化景观的距离增加而减少，并且呈指数关系。由于系数较小，当距离变量超过一定的阈值时，西湖文化景观可能对写字间租金或二手房交易价格不再产生影响。以往的研究显示，确定空间管制外部性影响的阈值是非常困难的。由于样本不足，并不能使用分段回归的方式，也不能通过增加参数的方法来确定收敛值的精细智能模型。因此，我们改变了解决这个问题的策略。

众所周知，在所有回归模型［普通最小二乘（ordinary least squares，OLS）模型和空间模型］中残差都应该符合正态分布且均值为零，大约 95% 的残差位于两倍标准偏差之内。我们可以假设，距西湖文化景观的距离对于房产价值的影响应该大于大多数（95%）的残差。因此，我们采用两倍标准差作为阈值。

我们还根据一组解释性变量估计写字间租金或二手房交易价格。使用回归模型的计算参数，我们使用以下公式将测度距离单位转换为价格：

$$\text{Premium} = \exp(\hat{\beta}X_i) - \exp(\hat{\beta}X_{\text{threshold}})$$

式中，$\hat{\beta}$ 是系数；X_i 是距离西湖第 i 个 1000m 的人文景观；$X_{\text{threshold}}$ 是阈值距离。

5.2 实证研究：西湖文化景观遗产

5.2.1 研究区域与数据来源

1985 年，中国正式加入《保护世界文化和自然遗产公约》后，中国的遗产保护事业在过去的 30 年里发生了翻天覆地的变化（UNESCO，2017）。随着遗产保护理念逐渐推广，以及遗产带来的直接和间接经济效益，遗产保护的热潮在中国掀起了一场全国性的"申遗竞赛"。地方政府将申报世界遗产视为重要的政绩工程，直接促使中国保护地列入《世界遗产名录》的数量大为增加，预备名录也越来越长。然而，这种情况也在悄然发生变化，在联合国教育、科学及文化组织世界遗产委员会的约束框架下，地方政府正在努力遵守遗产保护的要求以应对日益增长的旅游需求。中央政府将遗产保护的责任转移到遗产地所在的地方政府，却又不能提供足够的资金支持，导致地方政府面临严重的遗产保护财政资金不足的困境。地方政府承受着遗产保护开支增多的压力，但又缺乏资金来保护保护地（Zhang，2006）。

本节以位于浙江省杭州市中心城区西湖文化景观（西湖国家级风景名胜区）为案例。西湖文化景观的自然美景和历史遗迹，影响了中国历史上的众多诗人和画家，是中国园林设计史最重要的发源地之一（Yang，1982）。2011 年，西湖文化景观被列为联合国教育、科学及文化组织世界遗产，世界遗产委员会评价西湖"自公元 9 世纪以来，西湖的湖光山色引得无数文人骚客、艺术大师吟咏兴叹、泼墨挥毫。景区内遍布庙宇、亭台、宝塔、园林，其间点缀着奇花异木、岸堤岛屿，为江南的杭州城增添了无限美景。数百年来，西湖文化景观对中国其他地区乃至日本和韩国的园林设计都产生了影响，在景观营造的文化传统中，西湖是对天人合一这一理想境界的最佳阐释。"（Zhang et al.，2017）。西湖文化景观总面积 4235.76hm^2，包括西湖水域（559.30hm^2）

和北面、西面、南面的山地（约 3000hm²），这两者既是文化景观的"自然载体"，也是文化景观遗产的组成部分。西湖文化景观遗产缓冲区总面积 6357.43hm²。

本章研究使用的数据有以下六种来源。

1）西湖文化景观的基本信息来源于联合国教育、科学及文化组织世界遗产委员会网站（http：//whc.unesco.org/）。该网站提供的资料内容包括西湖文化景观的位置图（含经纬度坐标）。通过地理信息系统（geographic information system，GIS）可以描绘西湖文化景观的遗产边界和缓冲区，并测量特定住宅或写字楼到西湖文化景观的距离。

2）不动产交易或租赁数据。写字间租赁数据和二手房交易数据通过爬虫技术在"链家网"上获得，总计 12 573 个写字间和 8581 套二手房。"链家网"是一个房屋交易中介服务平台，在杭州房地产市场上占有约 70% 的市场份额。近年来，不少学术研究已经开始通过开放社交或中介媒体平台获取数据，作为传统数据的补充（Ding and Zhao，2014；Li et al.，2015；Wu et al.，2016）。"链家网"上二手房交易记录的信息包括房屋属性和所在的居住区属性，如房屋的年龄、楼层等，居住区的容积率、绿化率、总户数以及住房是否为学区房等。由于有些二手房样本在统计期间存在不止一次的交易记录，研究中删除了以相同价格多次交易的二手房样本后，最终留下了 6578 个二手房交易样本。

本节在"链家网"上爬取了写字间租赁数据，包括其房屋属性和位置，如写字间面积、层数、内部建筑设备水平、装修程度和房间是否可拆分等。同一栋写字楼可能会有多个写字间出租，这些写字间的房屋属性和租金相同，因此删除了位于同一写字楼的不同写字间的重复数据，最后研究中留下了 3454 个写字间租赁的样本。

通过网络爬虫获取的数据可能存在样本偏差，因此通过四种方式确认了样本数据的有效性。首先，检查空间一致性（图 5.1 和图 5.2），点密度分析结果显示，写字间租赁样本和二手房交易样本与兴趣点（point of interest，POI）展示的居住区及写字楼的空间分布是相似的；其次，检查时间一致性，本研究所用的数据采集于2017年，平均每个月有大约540个写字间租赁样本和280个二手房交易样本；再次，检查了价格一致性，二手房样本的平均房价为27 327.15元/m²，与2017年《中国房地产白皮书》发布杭州平均房价27 891.37元/m²非常接近，写字间样本的平均租金为66.33元/（m²·月），与其他网站（如"搜房网"）上的价格相似；最后，检查房屋类型的一致性，本研究样本包含了各种类型的住房类型，如板式公寓、住宅楼等，还根据不同规模、功能和现代化程度收集了各类办公室数据。

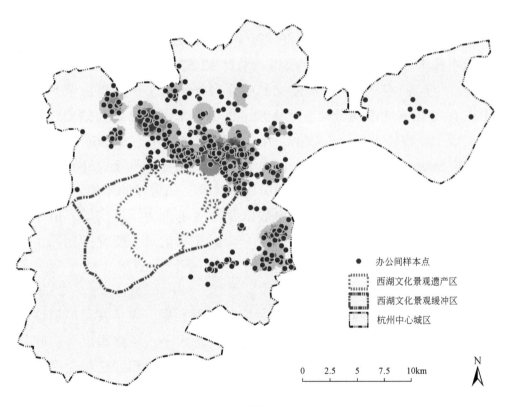

图5.1　写字间租赁样本的空间有效性

3）土地利用数据由杭州市规划和自然资源局提供。第二次全国土地利用调查开始于2007年7月，于2009年正式公布，之后的每一年

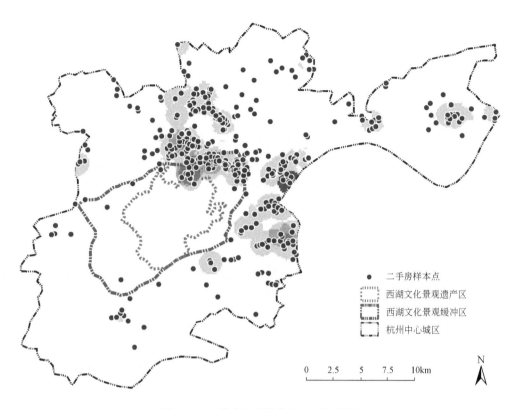

图 5.2 二手房交易样本的空间有效性

都会公布变更调查。这是官方最为权威的土地利用变化数据，在街道层面统计并逐层汇总。土地利用变更调查数据经常用于学术研究（Lin，2009；Wang et al.，2012）。本书使用的数据是 2016 年底杭州市土地利用变更调查，并用 POI 数据验证了该数据的有效性。

4）POI 数据通过百度地图爬取获得，包括地铁站、公交站、学校和医院等经纬度坐标。这些信息已被广泛应用于以往的研究中，如测量 POI 与住宅之间的直线距离或路网距离（Guerrieri et al.，2013；Shimizu et al.，2014；Hu et al.，2016）。我们通过比较 POI 和上述的官方土地利用变化数据来检查有效性。

数据经过清理后，研究区共有 6578 个二手房交易样本和 3454 个写字间租赁样本。写字间样本的平均租金为 66.33 元/（m²·月），总租金为 2130 万元至 1.2 亿元；二手房样本的平均房价为 27 327.15 元，总销售额为 117.77 亿 ~ 545.45 亿元。表 5.3 提供了因变量的汇总统计。

5）建筑数据爬取自高德地图，包括建筑基底面积和层高。该数据目前很少用于学术研究，原因有两点，首先高德地图（百度地图）在 2017 年才开始陆续录入大城市建筑基地和层高数据，目前并没有普及到中小城市和大城市的郊区；其次爬取建筑数据的工作较困难，最终形成的是 shapefile 面数据，数据挖掘和处理相对并不容易。在本研究中，通过杭州市土地利用现状图中的居住和商业图斑，识别居住用途和商业用途的建筑，并测算每栋建筑与西湖文化景观的距离，最后估算不同距离的建筑缴纳契税或房产税。

6）土地出让数据爬取自中国土地市场网，包括土地出让类型（居住、商业和工业等）、出让方式（"招拍挂"和协议）、出让面积、出让价格等，本章提取了 2006 ~ 2017 年以"招拍挂"方式出让的居住用地信息，用以汇总实施国有建设用地有偿使用制度后，研究区域内居住用地出让的总收入。

5.2.2　模型可信度检验

通过对二手房交易价格和写字间租金样本数据进行空间相关检验，建立空间计量经济模型。Moran's I 分别为 0.5114（写字间）和 0.5999（二手房）（图 5.3 和图 5.4），在 99% 置信度水平可以通过检验。这些结果表明杭州不动产价格的空间自相关性非常显著，普通最小二乘估计的回归模型结果可能存在偏差。因此，特征价格模型必须采用考虑空间依赖效应的空间计量经济模型。

表 5.3 变量定义及描述

		变量	定义	平均值	标准差	最小值	最大值
因变量		O_PRICE	写字间月租金/［元／（m²·d）］	66.33	22.16	21.3	120
		H_PRICE	二手房房价/（元/m²）	27 327.15	10 398.21	11 777	54 545
解释变量		O_DIS_HERITAGE	写字间样本点到西湖文化景观的距离/m	4 638.5	2 060.5	943.2	10 960
		H_DIS_HERITAGE	二手房样本点到西湖文化景观的距离/m	7 812.7	4 979	149.43	23 735
		O_AGE	写字楼建筑年龄	11.54	7.30	1	46
	楼层（低层写字间作为对照组）	O_FLOOR_1	中层写字间	0.52	0.49	0	1
		O_FLOOR_2	高层写字间	0.32	0.47	0	1
写字间模型的控制变量	写字间属性	O_EQUIP	装修水平	0.69	0.46	0	1
	是否可分隔（不可以分隔作为对照组）	O_DIVISION	可以分隔的写字间	0.36	0.48	0	1
	区位属性	O_PED_BUS	写字楼500m范围内公交站点的数量	4.59	2.95	1	14
		O_PED_MALL	写字楼500m范围内大型商业网点的数量	197.22	315.64	10	1 822
		O_PED_CATER	写字楼500m范围内餐饮点的数量	98.46	85.93	7	335
		O_PED_ENTER	写字楼500m范围内企业点的数量	127.64	146.24	25	1 065
		O_PED_DAILY	写字楼500m范围内日常商业点的数量	108.88	95.96	0	433
		O_PED_PARK	写字楼500m范围内公园的数量	0.87	1.26	0	12
		O_PED_PARKLOT	写字楼500m范围内停车场的数量	66.84	55.18	0	240
		O_PED_RECRE	写字楼500m范围内娱乐设施的数量	20.47	19.06	0	91

续表

	变量		定义	平均值	标准差	最小值	最大值
	装修水平（毛坯房作为对照组）	H_DECOR_1	简装修	0.44	0.49	0	1
		H_DECOR_2	精装修	0.55	0.49	0	1
	朝向（朝西北、朝西南、朝东北、朝东南作为对照组）	H_ORIENT_1	朝东、朝东南、朝西南和东北	0.63	0.48	0	1
		H_ORIENT_2	朝南	0.36	0.48	0	1
房屋属性		H_FLOOR	楼层	8.72	7.21	1	44
		H_AGE	房屋年龄	10.13	10.63	1	118
	居住区属性	H_FAR	所在小区的容积率	2.35	2.87	0.8	4.1
		H_GE	所在小区的绿化率	0.69	0.57	0.37	0.92
二手房交易模型中的控制变量		H_DIS_MALL	到最近商场的距离/km	0.015	0.016	0	0.011
		H_DIS_DAILY	到最近日常商业点的距离/km	0.017	0.015	0	0.008 8
		H_DIS_PARK	到最近公园的距离/km	0.079	0.059	0	0.040
		H_DIS_SCHOOL	到最近学习的距离/km	0.021	0.020	0	0.011 4
	区位属性	H_PED_BUS	所在居住区 500m 范围内公交站点的数量	3.618 4	3.060 4	0	18
		H_PED_MALL	所在居住区 500m 范围内商场的数量	98.102	200.11	0	1 861
		H_PED_CATER	所在居住区 500m 范围内餐饮业的数量	56.737	71.830	0	536
		H_PED_GOVERN	所在居住区 500m 范围内政府办公机构的数量	19.589	27.937	0	205
		H_PED_DAILY	所在居住区 500m 范围内日常商业点的数量	65.847	74.229	0	457
		H_PED_PARK	所在居住区 500m 范围内公园的数量	0.677 3	1.831 8	0	14
		H_PED_RECRE	所在居住区 500m 范围内娱乐设施的数量	18.930	19.379	0	104

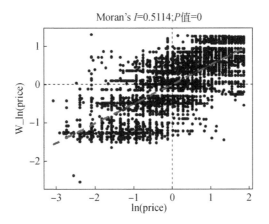

图 5.3 写字间租金的 Moran's *I*

横轴表示模型中的描述变量；纵轴表示模型中描述变量的空间滞后向量

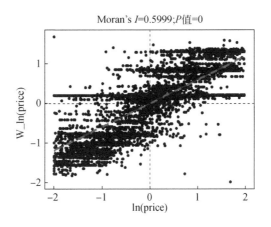

图 5.4 二手房交易价格的 Moran's *I*

如表 5.4 和表 5.5 所示，写字间租赁模型和二手房交易模型都显示出以下特征：①普通最小二乘法回归中 Moran's *I*（Error）显著；②SLM 和 SEM 均无明显优劣；③SLM 和 SEM 中写字间和二手房的矩阵 **W**（Error）空间自相关性并不显著。根据参数比较，SAC 模型的拟合优度（$R^2 = 0.936\ 36$ 和 $0.857\ 05$）优于 SLM（$0.818\ 11$ 和 $0.819\ 15$）和 SEM（$0.862\ 37$ 和 $0.840\ 39$）；SAC 模型中的 AIC（193.98 和

170.02）小于 SLM（222.43 和 264.52）和 SEM（224.95 和 172.7）；SAC 模型中的 ln$L$ 比 SLM 和 SEM 中的大。正如预期，SAC 模型表现出更好的解释能力。因此，证实了 SAC 模型更适合本研究。

表 5.4　写字间租赁的不同空间模型有效性比较

模型	LM test	R-LM test	Moran's I (Error)	R^2	AIC	ln$L$
SLM	6 686.9***	260.9***	0.000 8	0.818 11	222.43	−94.213 12
SEM	10 521***	4 094.6***	−0.001	0.862 37	224.95	−95.477 24
SAC	—	—	0.000 1	0.936 36	193.98	−78.990 19

注：OLS 中 Moran's I（Error）为 0.343***。

***表示在 0.001 水平有显著性意义。

表 5.5　二手房交易的不同空间模型有效性比较

模型	LM test	R-LM test	Moran'sI (Error)	R^2	AIC	ln$L$
SLM	11 416***	113.99***	0.000 6	0.819 15	264.52	−112.261
SEM	13 733***	2 431***	0.000 4	0.840 39	172.7	−66.349 29
SAC	—	—	0.000 1	0.857 05	170.02	−65.510 5

注：OLS 中 Moran's I（Error）为 0.332***。

***表示在 0.001 水平有显著性意义。

5.2.3　融资的主体

表 5.6 和表 5.7 反映了半对数形式因变量的特征价格模型，通过 OLS、SLM、SEM 和 SAC 四个模型，估计了不动产与西湖文化景观的距离对写字间和二手房价值的预估影响。写字间租赁模型和二手房交易模型的结果都在预期之内。尽管解释变量相应系数的绝对值很小，但是写字间租金和二手房交易价格随着距西湖文化景观的距离的增加而减少。这表明距西湖文化景观超过一定距离后，影响便不再显著。

表 5.6 写字间租赁模型回归结果

变量	OLS	SLM	SEM	SAC
截距项 （Intercept）	4.401*** (0.026 09)	0.799 01*** (0.080 345)	4.338 5*** (0.062 221)	7.366 9*** (0.430 03)
O_DIS_HERITAGE	−0.000 048 85*** (0.000 00)	−0.000 085 58*** (0.000 003)	−0.000 071 472*** (0.000 011)	−0.000 079 853*** (0.000 01)
O_AGE	−0.009 871*** (0.000 90)	−0.004 394 9*** (0.000 736)	−0.005 758 5*** (0.000 844)	−0.005 544 7*** (0.000 83)
O_FLOOR_1	−0.177*** (0.017 33)	−0.092 745*** (0.013 932)	−0.102 77*** (0.014 460)	−0.100 34*** (0.014 21)
O_FLOOR_2	−0.212 4*** (0.019 81)	−0.107 27*** (0.015 984)	−0.121 86*** (0.016 899)	−0.118 74*** (0.016 63)
O_ EQUIP	0.021 3 (0.011 52)	0.023 825 (0.009 619)	0.021 979 (0.009 309)	0.021 316 (0.009 14)
O_DIVISION	0.084 06*** (0.011 02)	0.045 703*** (0.008 821)	0.046 258*** (0.008 930)	0.043 709*** (0.008 77)
O_PED_BUS	0.019 25*** (0.002 44)	0.005 843 3*** (0.002 055)	0.008 533*** (0.002 426)	0.007 428 4*** (0.002 39)
O_PED_MALL	0.000 044 3 (0.000 02)	0.000 006 513 (0.000 045)	0.000 020 837 (0.000 025)	0.000 018 481 (0.000 02)
O_PED_CATER	0.001 027*** (0.000 15)	0.000 179 55*** (0.000 146)	0.000 087 221*** (0.000 144)	0.000 086 141*** (0.000 14)
O_PED_ENTER	0.000 376 8*** (0.000 05)	0.000 034 193*** (0.000 051)	0.000 013 307*** (0.000 058)	0.000 002 792 9*** (0.000 05)
O_PED_DAILY	0.000 895 6*** (0.000 16)	0.000 343 18*** (0.000 127)	0.000 583 28*** (0.000 166)	0.000 569 43*** (0.000 16)
O_PED_PARK	−0.002 108 (0.005 03)	−0.008 335 7 (0.005 172)	−0.007 021 8 (0.004 530)	−0.007 451 6 (0.004 47)
O_PED_PARKLOT	0.002 915*** (0.000 24)	0.000 807 94*** (0.000 238)	0.001 095 4*** (0.000 261)	0.001 072 1*** (0.000 26)
O_PED_ RECRE	0.004 704*** (0.000 61)	0.001 543 8*** (0.000 497)	0.001 544 9*** (0.000 615)	0.001 404 4*** (0.000 61)

*、**和***分别表示在 0.05、0.01 和 0.001 水平有显著性意义。

表 5.7　二手房交易模型回归结果

变量	OLS	SLM	SEM	SAC
截距项 （Intercept）	10.45 *** （0.013 9）	1.886 4 *** （0.938 45）	10.452 *** （0.035 172）	11.385 *** （0.938 45）
H_DIS_HERITAGE	−0.000 041 48 *** （0.000 0）	−0.000 085 16 *** （0.000 00）	−0.000 075 649 *** （0.000 004）	−0.000 074 91 *** （0.000 12）
H_DECOR_1	0.035 37 *** （0.007 5）	0.032 968 *** （0.006 30）	0.030 579 *** （0.006 314）	−0.030 836 *** （0.006 30）
H_DECOR_2	0.045 79 *** （0.007 5）	0.048 72 *** （0.006 30）	0.046 301 *** （0.006 314）	−0.046 783 *** （0.006 30）
H_ORIENT_1	0.009 078 * （0.008 2）	0.011 193 *** （0.006 89）	−0.021 107 *** （0.006 912）	−0.023 264 *** （0.006 89）
H_ORIENT_2	0.025 2 * （0.015 0）	0.027 397 ** （0.012 64）	−0.034 017 ** （0.012 663）	−0.037 36 ** （0.012 64）
H_FLOOR	0.000 014 51 （0.000 5）	−0.001 028 3 （0.000 46）	−0.001 709 3 （0.000 461）	−0.001 876 （0.000 46）
H_AGE	−0.003 828 *** （0.000 3）	−0.002 234 1 *** （0.000 33）	−0.002 767 5 *** （0.000 340）	0.002 768 8 *** （0.000 33）
H_FAR	−0.005 281 * （0.000 3）	−0.003 83 * （0.000 3）	−0.003 76 * （0.000 3）	−0.039 1 * （0.000 3）
H_GE	15.814 3 * （0.000 2）	13.472 4 * （0.000 2）	12.878 2 * （0.000 2）	13.873 * （0.000 2）
H_DIS_MALL	−53.28 *** （3.814 0）	−28.602 *** （4.100 80）	−39.79 *** （4.102 000）	−38.874 *** （4.100 80）
H_DIS_DAILY	−41.1 *** （4.238 0）	−19.219 *** （5.323 90）	−39.569 *** （5.318 700）	38.983 7 *** （5.323 90）
H_DIS_PARK	−5.81 *** （0.738 4）	−1.429 7 * （1.780 30）	−2.163 9 * （1.744 500）	−2.274 6 * （1.780 30）
H_DIS_SCHOOL	−3.697 （3.285 0）	−9.445 3 *** （4.108 40）	−35.79 *** （4.078 000）	−35.928 3 *** （4.108 40）
H_PED_BUS	0.001 799 （0.002 0）	0.000 116 47 * （0.001 73）	0.001 960 1 * （0.001 738）	0.002 094 7 * （0.001 73）

变量	OLS	SLM	SEM	SAC
H_PED_MALL	0. 000 090 23 *	0. 000 022 276	0. 000 026 304	0. 000 026 743
	(0. 000 0)	(0. 000 03)	(0. 000 030)	(0. 000 03)
H_PED_CATER	0. 000 223 8 *	0. 000 149 35	0. 000 080 715	0. 000 078 543
	(0. 000 1)	(0. 000 09)	(0. 000 095)	(0. 000 09)
H_PED_GOVERN	0. 000 387 2	0. 000 211 03 *	0. 000 357 12 *	0. 000 358 272 *
	(0. 000 2)	(0. 000 16)	(0. 000 166)	(0. 000 16)
H_PED_DAILY	0. 000 145 2	0. 000 042 897	0. 000 064 31	0. 000 071 1
	(0. 000 1)	(0. 000 11)	(0. 000 112)	(0. 000 11)
H_PED_PARK	−0. 002 571	−0. 000 970 6	0. 000 095 905	0. 000 088 012
	(0. 003 2)	(0. 002 65)	(0. 002 664)	(0. 002 65)
H_PED_ RECRE	0. 001 285 ***	0. 000 905 85 ***	0. 000 918 48 ***	0. 000 870 39 ***
	(0. 000 3)	(0. 000 29)	(0. 000 300)	(0. 000 29)

* 、** 和 *** 分别表示在 0. 05、0. 01 和 0. 001 水平有显著性意义。

写字间租金模型中的其他控制变量在所有模型中都表现良好（图 5.5）。在写字间属性变量中，位于新建筑中和低层的写字间租金较高，而与预期相反的是，写字楼提供的设备水平对于写字间租金来说是不显著的。相比之下，室内空间能否重新分割与写字间租金高度相关，表明了灵活的空间使用形式的重要性。就写字楼位置属性而言，租金随着周边 500m 范围内餐馆和娱乐场所的数量的增加而增加。除此之外，Seven-Eleven、24h 等小型便利店经常被光顾，因此，如果办公地点被小型便利店包围，租金会很高。而沃尔玛和家乐福等商场与大型百货商店对写字楼租金没有显著影响。

二手房交易模型中的控制变量表现出许多有趣的结果（图 5.6）。毫无疑问，豪华装修的住房比简装的住房要贵得多，同理简装的住房价格又比毛坯的住房贵。另外，由于季风气候的影响，朝南的房屋总是比其他朝向的房屋价格卖得更高。出乎意料的是二手房的楼层对房产价值没有影响；而房屋年限较小的住房有更高的价值。对于居住区属性变量，较高的容积率导致较低的房产价值，而绿化率与房产价值

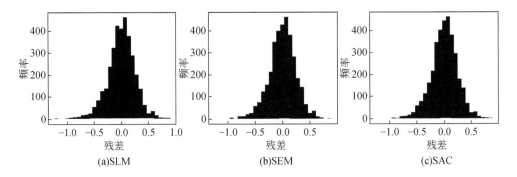

图 5.5　写字间租赁的空间混合模型中残差分布

高度正相关。区位属性变量可以分为两组：与最近 POI 的距离和二手房样本 500m 范围内 POI 的数量。靠近公园绿地、商业网点的住房价格会上涨。学校和商业场所（无论大型仓储超市还是小型便利店）的距离对价格有显著的正面影响。但二手房 500m 范围内的 POI 数量，除政府办公、公交和娱乐设施外，都没有显著的影响。

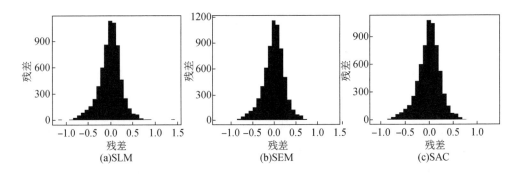

图 5.6　二手房交易的空间混合模型中残差分布

　　鉴于上述模型比较，采用 SAC 模型，首先检验残差是否符合高斯正态分布。所有的残差都通过了 Pearson 卡方检验（P 值 $<2.2\times10^{-16}$），这意味着残差遵循高斯正态分布（图 5.5 和图 5.6）。两个 SAC 模型残差的两倍标准差分别是 0.481 063 1（写字间）和 0.478 482 8（二手房）。由此，我们可以推断距离阈值分别约为 18 361.4m（写字间）和 15 050.94m（二手房）（图 5.7 和图 5.8）。

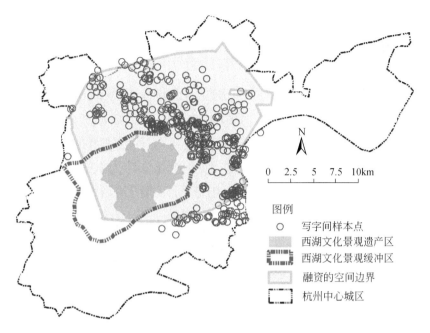

图 5.7　西湖文化景观空间管制对周边写字间租赁价格的影响空间边界

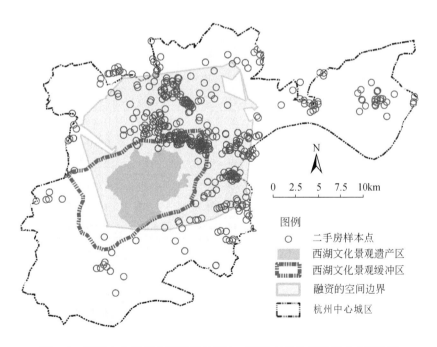

图 5.8　西湖文化景观空间管制对周边二手房交易价格的影响空间边界

5.2.4 融资方式效度比较

表5.8展示了写字间和二手房距离西湖文化景观的溢价,随着距离的增加,溢价降低。通过杭州市土地利用现状数据和建筑数据匹配,识别出到西湖不同距离范围内住宅建筑与写字楼建筑的面积,汇总后得出西湖文化景观的空间管制对住宅的融资总计为2538.134亿元,对写字楼的融资总计为1.98亿元。由于写字楼多数都有明确的租金合同,融资方式相对简单。

表5.8 西湖文化景观融资金额估算

距离/m	住宅溢价/ (元/m²)	住宅建筑 面积/m²	住宅融资金额 /亿元	写字间溢价/ (元/m²)	写字楼建筑 面积/m²	写字楼融资 金额/亿元
1 000	1 773.712	44 906 633.52	796.514 4	4.49	8 102 921.62	0.36
2 000	1 603.252	5 925 479.78	95.000 39	4.14	3 577 813.29	0.15
3 000	1 440.951	7 138 676.76	102.864 8	3.80	3 280 894.83	0.12
4 000	1 286.398	9 163 887.07	117.884	3.48	2 867 608.49	0.10
5 000	1 139.233	11 590 961.57	132.048 1	3.16	4 250 522.63	0.13
6 000	999.097 2	29 072 816.78	290.465 7	2.86	4 116 237.40	0.12
7 000	865.669 7	27 497 791.49	238.040 1	2.58	5 863 515.77	0.15
8 000	738.610 8	32 460 028.05	239.753 3	2.30	7 480 629.04	0.17
9 000	617.630 7	32 776 002.18	202.434 6	2.03	11 299 223.07	0.23
10 000	502.429 2	26 253 691.58	131.906 2	1.78	9 193 518.52	0.16
11 000	392.736 6	21 503 349.20	84.451 52	1.53	5 707 568.44	0.09
12 000	288.292 8	20 601 528.16	59.392 72	1.30	6 201 783.35	0.08
13 000	188.837 9	17 072 257.97	32.238 9	1.07	4 293 075.11	0.05
14 000	94.131 98	15 495 742.46	14.586 45	0.85	3 277 755.94	0.03
15 000	3.955 023	13 983 952.53	0.553 07	0.65	2 292 980.77	0.01
16 000				0.44	2 722 214.09	0.01
17 000				0.25	2 799 810.72	0.01
18 000				0.07	2 437 380.77	0.00
总计			2 538.134			1.98

由前文可知，捕获居住用地增值有四种机制，分别是在土地"招拍挂"出让阶段获取"土地出让金"、土地出让合同变更时补交"土地出让金"、土地（不动产）交易阶段获取"契税"和土地（不动产）保有阶段的房地产税，其中，土地出让合同变更时补交"土地出让金"主要是"退二进三"等土地功能的变化，很大程度上受产业政策和城市规划的影响，因此不确定性较大；另外，土地出让合同变更时补交"土地出让金"的融资机制的交易成本也较大，综合来看，本节并不考虑这一类。本节重点考虑另外三类融资机制可能的实施效果。

在土地"招拍挂"出让阶段获取"土地出让金"方面，2006～2017 年，居住用地出让面积约 624.74hm^2，总计土地出让价格 885.18亿元。居住用地出让一般为 70 年，也就是说通过"招拍挂"出让土地获得土地出让金，70 年间才能获得 885.18 亿元，与估算的西湖文化景观的空间管制对住宅的溢价总计为 2538.134 亿元相差甚远。

在土地（不动产）交易阶段获取"契税"方面，由于缺少详尽的商品房成交数据，以杭州市主城区为例，根据"住在杭州网"发布的消息（表 5.9），杭州市主城区平均每年成交商品房 47 577 套，平均成交均价 20 420 元/m^2。若以住宅平均面积为 100m^2、个人首次购买普通住宅契税的税率为 3% 估算，2009～2016 年，商品房交易契税约为233.164 亿元。若按 70 年计算，共可获得契税 2040.18 亿元，与前文估算的西湖文化景观的空间管制对住宅的溢价总计为 2538.134 亿元已经相差不多。

表 5.9 杭州市主城区商品房交易套数及均价

指标	2009 年	2010 年	2011 年	2012 年	2013 年	2014 年	2015 年	2016 年
套数	64 244	32 958	21 859	45 501	41 788	38 036	54 251	81 976
均价/（元/m^2）	14 355	21 271	20 870	18 338	21 860	21 370	21 864	23 432

在土地（不动产）保有阶段的房地产税方面，按照从价计征，应纳税额=应税房产原值×（1-扣除比例）×年税率 1.2%，其中杭州应税房产原值每年约 61 041.48 亿元，扣除比例 10%～30%，本书以最

大值30%计算，假设所有户主都有两套住房，其中第一套住房免征房产税，在空间管制外部性边界内，征收房产税512.7484亿元，不到六年即可征回西湖文化景观的空间管制对住宅的溢价。

综上所述，在保护地空间管制第二层融资中，虽然各种融资机制在各个阶段交易成本各有优劣，但融资效果却千差万别。在土地（不动产）保有阶段征收房产税是捕获金额最庞大的融资手段（表5.10）。目前我国尚未全面开征房产税，土地相关的税费已经明显出现"项目杂乱、收费混乱"的局面。如何在将来开征房产税后获得保护地空间管制所需的持续可靠的资金呢？美国的"税收增量融资"（tax increment financing，TIF）是一个可以借鉴的政策工具。

表5.10　不同保护地空间管制第二层融资机制的效果 （单位：亿元）

融资机制	70年内可获得融资金额	与估算的融资金额的差值
在土地"招拍挂"出让阶段获取"土地出让金"	885.18	−1 652.954
土地（不动产）交易阶段获取"契税"	2 040.18	−497.954
土地（不动产）保有阶段的房地产税	35 892.39	33 354.256

TIF是一种适用于城市公共设施建设及其他社区改进项目的公共融资工具，其核心机制在于利用未来的增量财产税补贴现期项目的资金需求（Briffault，2010）。目前已经在全美50个州及华盛顿哥伦比亚特区的1000多个城市广泛使用，是美国地方政府最常用的政策工具之一。

TIF项目早期被严格限制用于应对地区衰退问题，支持城市中衰败区域的各类更新再造项目，后来逐渐拓展到公园和绿地等公共服务设施（赵忠龙，2014）。各州的TIF项目设计思路基本一致：首先划定TIF区的范围，并设立管理机构和发展基金；政府会依据区内当前的"均等化评估价值"（equalized assessed value）确定财产税的基准值，并将该部分税收冻结。被冻结部分的财产税仍将归其原征税主体所有，而在此基础上的财产税增加值则归属于 TIF 管理局，用于支持项目的开发。TIF 项目一般会持续 20 年左右，在此期限之后 TIF 区将被撤销，区内的全部财产税将重归各征税主体所有。这一过程如图 5.9 所示（臧天宇，2016）。

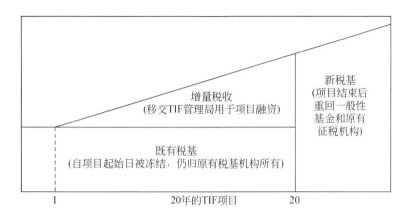

图 5.9　TIF 项目运作模式

由于美国各州立法的差别，TIF 在实践中还表现出一定的差异性。在税源上，通常 TIF 建立在财产税的基础上，但也有一些州允许以销售税（sales tax）、公共事业税（utility tax）和收入税作为 TIF 的资金来源。

TIF 相较于其他的政策工具，在不改变税率的前提下，综合了经济激励和溢价回收的特性，拥有两方面独特的优势：①与其他税收优惠的激励工具相比，TIF 能为区域带来新的发展资金，用于基础设施建设、土地征购和整理等活动，间接降低了开发商的成本，比直接减税更容易获得支持，且能有效规避法律对税率公平的限制；②与其他溢价回收的政策工具相比，TIF 是一个自我融资的封闭循环，既不增加新税种也不提高税率，更易受到民众的青睐（臧天宇，2016）。

对于我国而言，在当前地方税收体制难以改变的情况下，可以仿照 TIF 构建税收转移机制，作为地方政府为关键项目融资的一种过渡性安排。与美国类似，我国设有一系列与土地相关的税费。应该在现有的税费体系基础上，结合 TIF 项目模式，实现保护地空间管制的第二层融资。

5.3 小　　结

本章讨论了保护地空间管制的第二层融资，即保护地空间管制对于周边土地增值的捕获。保护地周边土地的所有者所拥有的土地因保护地空间管制而价值增加，因此需要捕获这部分外力增值，用于保护地的保护开支。本章主要讨论了三个问题：①保护地空间管制的第二层融资机制及交易成本比较；②确定融资的主体，即空间管制外部边界；③不同融资机制实施效果评估。本章以城郊型风景名胜区西湖文化景观为案例，因其不同于一般的山川型风景名胜区，可以更好地判断保护地融资的外部性范围。通过网络爬虫技术，获取了杭州主城区写字间租赁和二手房交易数据，考虑到不动产价格的空间自相关性，本章比较了普通最小二乘法、空间滞后模型、空间误差模型和空间混合自回归模型。最终以空间混合自回归模型残差的两倍标准差为阈值，确定了保护地空间管制外部性的边界。

本章研究表明，在土地"招拍挂"出让阶段获取"土地出让金"的成本在于维持政府公正性，土地出让合同变更时补交"土地出让金"的成本在于界定土地收益，土地（不动产）交易阶段获取"契税"的成本在谈判阶段，土地（不动产）保有阶段的房地产税的成本在执行阶段。在实施效果方面，土地（不动产）保有阶段的房地产税可能是效果最好的融资机制。

第6章 保护地空间管制的第三层融资

根据3.3节和3.4节构建的保护地融资的理论框架，保护区土地增值可以分为四类，涉及三类受益主体：社会总体、保护地周边的居民和保护地内部居民。与保护地周边的居民和社会总体相比，保护地内因发展权管制放宽和空间管制正外部性而享受土地增值的居民却很少受到学界关注。根据我们的调查，许多保护地内的土地价值差异非常巨大，导致部分因空间管制而土地价值受损的原住民对遗产资源保护的热情不高，甚至出现许多冲突。那些土地被管制而失去发展机会且又没有获得任何补偿的原住民也倾向于从遗产资源上获利，遗产资源开发的激烈竞争导致保护地的环境恶化，这样的案例屡见不鲜。

保护地内部的融资很少出现在学术论著和规划实践中，原因有两方面：一方面，中国保护地具有多种多样的类型，大量的自然保护区客观上没有旅游条件，也被禁止开发建设，因此，整个保护地都属于土地价值受损的地域，不存在保护地内部的融资；另一方面，类似风景名胜区这样旅游条件充分且能带来不菲收益的保护地，又很难准确地区分融资的主体和对象，更难确定的是空间管制而导致主体与对象的土地增值或减值的多少。

传统的融资政策工具，保护地内的融资主体与对象很难区分以至于涉及土地税费的融资政策工具并不适用；涉及土地重划的融资政策工具在城市更新或者新城建设时比较常用，但在保护地中很难实施，因为保护地内的土地多数都是集体所有，按一定的规则分配给每户宅基地用来居住，从现在的拆并农村的实际效果来看，建设用地并没有减少。

所以，涉及土地权属的融资政策工具是保护地空间管制第三层融资最主要的手段，正如前文所述，涉及土地权属的融资政策工具与直接或间接融资具有很大的区别，其是内嵌于整体的制度设计中，而非普通的土地政策。因此涉及土地权属的融资政策工具的有效性取决于制度设计的适用性。

因此，保护地空间管制的第三层融资就是保护地内部的收益再分配（包括价值捕获和补偿），本章将针对第三层融资探讨如下问题：①融资制度设计的传统、经验与比较？②以九寨沟风景名胜区为实证案例，梳理其制度变迁过程，总结其融资机制，并评价其融资的公平性和效率性。

6.1 融资方式的制度设计

6.1.1 制度传统与本土经验

过度开发是保护区面临的最主要的问题，大量的游客进入保护区促使保护地内建设用地不断扩张，利益相关者也因为不合理的利益分配而冲突频发。这种过度发展背离了生态环境保护和公共游憩的双重目的。保护地是一种典型的公共资源，即当大部分人利用这类稀缺的共同资源时，不可避免地会导致环境恶化，也就是哈丁所说的"公地悲剧"（Hardin，2009）：从理性人的角度考察保护地过度开发的情景结构，每个土地权利人都从自己的土地开发中得到直接的收益；但当保护地内所有人都过度开发利用遗产资源时，每个土地权利人都要承担公共遗产资源退化甚至消亡带来的成本。因此每个土地权利人都有尽可能多地开发土地的动力，因为他们从自己的土地上得到直接收益，但只需要承担过度开发所造成的损失中的一部分。

在哈丁之前，已经有不少人注意到"公地悲剧"。很久以前，亚里士多德就注意到，属于多数人的公共事务常常不受人关注，因为人们关心自己的东西，而忽视公共事务。威廉·里奥德也认为公共财产会被不计后果地使用（Williamson，1979）；斯考特·戈登在渔业的研究中也提出"属于所有人的财产就是不属于任何人的财产，所有人都可以自由得到的财富将得不到任何人珍惜"；约翰·戴尔斯（Dale，1968）与斯考特·戈登同时注意到了与共同拥有的资源相关的令人困窘的问题：只要公共池塘资源对一批人开放，资源单位的总提取量就会大于经济上的最优提取水平（Dasgupta and Heal，1979；Clark，1980，1990）。

保护地内的管理者和原住民往往通过酒店或餐馆而获利，但这会造成严重的环境污染和景观破坏。以往的研究（Dawes，1973；Godwin and Shepard，1978）将这种情况概括为保护地土地所有者之间发展竞争的"囚徒困境"：我们假定保护地内的土地权利人为博弈对局中的对局人。对保护地来说，遗产资源开发建设是有上限的，我们把这个上限值称作 M。在一个有两个土地权利人参与的博弈中，合作策略是指每个土地权利人可以拥有 $M/2$ 的开发量。背叛策略是指每个土地权利人尽可能多的开发建设，且只要开发建设就能够获利，假定这个数量大于 $M/2$。如果两个土地权利人都把开发建设量限定在 $M/2$，那么他们将各获得 10 个单位的利润。但是如果他们都选择背叛策略，则他们获得的利润为零。如果他们其中一个人把开发建设量限定在 $M/2$ 之内，而另一个人则超过了限定的数量，"背叛者"和"受骗者"将分别获得 11 个和 -1 个单位的利润。因此如果事先没有达成约束条约，由每一方独立选择，他们都会选择背叛策略，也就是他们都只能获得零利润，这就是保护地开发建设的"囚徒困境"（图 6.1）。

除此之外，奥尔森的集体行动理论也认为，如果个人经常被排除在遗产保护的利益分配之外，个人几乎没有动机自愿地限制自己的发展权来保护具有突出的普遍价值的遗产资源（Olson，1965）。无论是"公地悲剧""囚徒困境"，还是"集体行动的困境"，这些理论模型都说明了特定情况下的公共事务必然得不到关怀，对此，不少学者提出了所谓"唯一"方案，即依靠强有力的中央集权或者彻底的私有化来解决公共资源的悲剧。

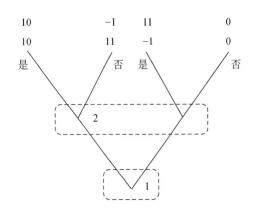

图 6.1　保护地开发建设的"囚徒困境"博弈模型

　　首先，不少学者提出以利维坦——即中央集权管理为解决方案。奥普尔斯认为，"公地悲剧"的问题无法通过合作解决，只能依靠具有较大强制性权力的政府（Ophuls，1973）。哈丁也认为解决"公地悲剧"的唯一方案是实行社会主义，人民必须对外在于他们个人心灵的强制力表示臣服，用霍布斯的术语来说就是"利维坦"。海尔布罗纳（Heilbroner，1991）、爱伦费尔德（Ehrenfeld，1972）等都认为，"铁的政府"对实现生态控制是绝对必要的，维护公地需要由公共机构、政府或国际权威实行外部管制。在对发展中国家水资源管理中存在的问题进行分析后，卡鲁瑟和斯通纳提出的看法是，没有公共控制，必然会发生过度放牧、公共牧场土壤的侵蚀，或者以较高的成本捕到较少的鱼的情景（Carruthers and Stoner，1981）。对于自然资源，如牧场、森林和渔场，实行集中控制和管理的政策方案，已经得到广泛的赞同，在第三世界国家尤为如此。"利维坦"资源管理模式问题在于，中央集中管理的优势需要建立在信息准确、监督能力强、制裁可靠有效这些使得管理的交易成本为零的假定上，然而现实情况中，中央政府可能并没有准确可靠的信息，也可能犯各种各样的错误，其中包括主观确定保护地开发建设的能力，罚金太高或太低，制裁了合作的土地权利人或放过了背叛者等。

　　其次，另一些学者则认为属于公共所有的资源都应强制实行私有财产权制度（Johnson，1972；Demsetz，1974），通过创立私有财产权制度来终止公共财产制度。这样的主张也得到了锡恩（Sinn，1984）等的支持。他们一致认为公地的私有化对所有公共池塘资源问题来说都是最优的解决办法。私有化面临如何公平分配不均匀资源的困境，对于快速变化的自然资源，公平切分财产显然是不可能的。除此之外，私有化可能导致更严重的过度开发或资源未充分利用的困境，也就是常说的"反公地悲剧"。

最后，诺贝尔经济学家奥斯特罗姆提出，社区在某些情况下既不需要国家的干预，也不必将资源私有化，而是可以通过自组织公共资源的方式解决"公地悲剧"（Ostrom，1999）。这样的管理模式已经应用在许多资源类型中，如森林（Varughese and Ostrom，2001）、灌溉（Ostrom and Gardner，1993）和渔业（Schlager and Ostrom，1999），并且在许多资本主义国家，如墨西哥（Yang，1982）和菲律宾（Araral，2009）等，经历长期试验且效果很好。

然而，正如奥斯特罗姆提到的那样，社区自组织治理也并不是万能的（Ostrom，2015），特别是在非政府组织发展不充分（或被压制）、中央或地方政府集权（大政府）的国家。在大多数情况下，发展中国家经常缺乏高质量的管理人员，自组织的执行者往往会因为高估或低估资源的承载能力和自身监控系统的薄弱而管理不善，特别是在地处偏远、当地居民普遍生活贫困的保护地尤为常见。因此，本研究在九寨沟风景名胜区案例实证研究的基础上，提出了一种具有中国特色的、新的资源治理模式：政府参与型自组织治理模式。1992～2004年，九寨沟风景名胜区出现了类似奥斯特罗姆提出的社区自组织的管理模式，即原住民自己成立了具有约束力的经营公司，并统一制定开发建设与合作分成的合同。然而，这种自组织治理模式却因过度、无序的开发，造成严重的环境问题而终止，甚至一度遭到世界遗产委员会的严厉批评。为什么社区自组织的管理模式在九寨沟失败了呢？原住民"合同精神"不足和教育水平较低是这个问题的核心所在。随后，九寨沟风景名胜区发展出新的资源管理模式，即前文所说的"政府参与型自组织治理模式"。因此，本章将详细讨论"政府参与型自组织治理模式"在集权体制的、发展中国家的、落后地区的保护地融资方面的作用及优势。

6.1.2　融资模式的比较

本节将考察上述四种资源治理模式在保护地内部融资中的优劣，主要包括三个方面：融资机制、交易成本和适用条件。

（1）融资机制

公有化（利维坦）模式是非常普遍的资源治理方式，在这个模式下，政府（主要是中央政府）通过征地，将保护地土地公有化，之后保护地所有的土地增值收益都将归政府所有，也就是政府捕获保护地增值。与此同时，需要给予原住民征地补偿。综合来看，保护地融资由征地补偿和价值捕获两部分构成（图 6.2）。私有化资源治理模式在西方民主国家也非常普遍，在这个模式下，政府只需要实施土地确权，确权后，每个原住民都将获得一份属于自己的土地，在此之后，每份土地的增值部分都会被捕获，用来补偿减值土地的权利人（图 6.3）。

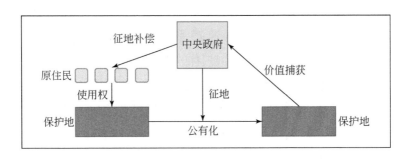

图 6.2　利维坦资源治理模式下保护地融资机制

自组织的资源治理模式是指公共资源的使用者通过协商达成共识合约，每个资源的使用者同时也是肩负合约的执行者和监督者。在这种模式下，保护地融资是"共同生产，平均收益"，所有的收益都将在自组织内部平均分配。政府参与型自组织的资源治理模式的融资机

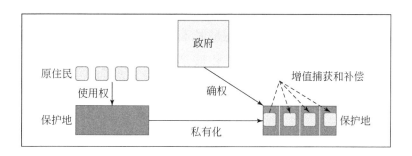

图 6.3　私有化资源治理模式下保护地融资机制

制与前者是完全相同的，唯一的区别是，政府也会作为其中一个（或者说最重要的一个）合约签订者参与到合约的实施中（图 6.4 和图 6.5）。

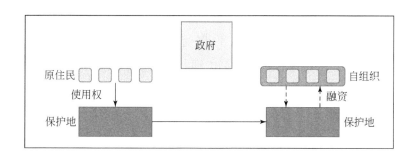

图 6.4　自组织的资源治理模式下保护地融资机制

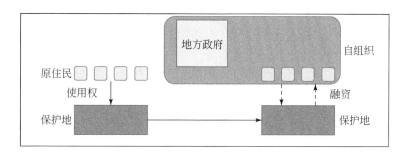

图 6.5　政府参与型自组织的资源治理模式下保护地融资机制

（2）交易成本

毫无疑问，无论是公有化还是私有化，或是自组织治理的两种模式，都有可能同时实现社会公平和遗产保护的目标。但是，这些模式之间交易成本的差异可能是巨大的，很可能直接导致某一种模式完全不切实际。

利维坦资源治理模式的理想形式是以保护地开发建设的"囚徒困境"博弈模型为基础，由外在的政府机构来决定最优的开发建设量：中央政府决定谁能开发建设，他们能够在什么时候建设宾馆酒店，能够提供多少床位等。假定中央政府知道保护地合理开发建设量，并能无成本地发现并惩罚任何使用背叛策略的土地权利人，处以 n 个单位的利润处罚，这时的中央政府就构建了一个新的博弈（图6.6），我们称为利维坦资源治理博弈。只要 $n>1$，两个对局人都会倾向于采取（合作，合作）策略，这样各自可以收到10个单位的利润，而不像在博弈一（图6.1）中那样，每人的收益都为零。但是这种理想情况的前提是存在一个外在的政府能够准确地确定保护地开发建设的总量、明确无误地安排资源的使用、监督各种行动并对违规者实行成功的制裁。然而现实情况中，创立和维持合约实施的交易成本几乎未作考虑，因此当加入中央政府管理的交易成本时，就会出现不充分信息的利维坦资源治理博弈（图6.7）。

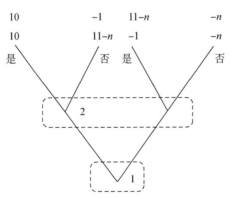

图6.6　保护地开发建设充分信息的利维坦博弈模型

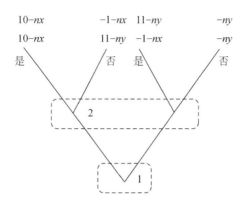

图 6.7 保护地开发建设不充分信息的利维坦博弈模型

考虑到中央政府对保护地的开发承载能力没有完全信息的时候，即在实施惩罚方面也会犯错，假定中央政府惩罚背叛者（正确回应）的概率是 Y，未能惩罚背叛者的概率是 $1-Y$（错误回应）。惩罚合作行为（错误回应）的概率是 X，未对合作行为加以惩罚（正确回应）的概率是 $1-X$，这时就是不充分信息的利维坦资源治理博弈。当 $X=0$，$Y=1$ 时，不充分信息的利维坦资源治理博弈就是一个特例。

但是，在不充分信息的利维坦资源治理博弈中，只有当 $[(1-Y)+X]<(n-1)/n$ 时，取得（合作，合作）均衡才能实现，其影响条件分别是 X、Y 和 n，即正确回应的概率和惩罚力度，这些都需要中央政府花费时间、人力和财力来调查研究，且不断试错纠正，这就面临高昂的交易成本。

私有化的资源治理模式同样面临高昂的交易成本。在保护地开发建设"囚徒困境"博弈的基础上，需要加入土地确权的交易成本参数，本书用 C 来表示（图 6.8）。可以看出，只有当确权的成本足够小时，博弈才不会倒向（背叛，背叛）的"囚徒困境"中。

在现实情况中，对于大草原或森林而言，私有化意味着将土地确权分成单独的地块，并分配给原住民，供其使用或者转让这些土地。但对于池塘或近海渔业等非固定资源，很难实行土地（资源）确权。尤其是保护地内的景观遗产资源，与其他资源不同，其"公地悲剧"

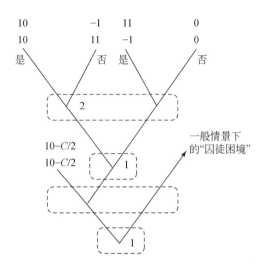

图 6.8　保护地开发建设私有化博弈模型

往往为负外部性所破坏，反而不是砍树或抓鱼等实际行动被破坏。Clark（1980）指出，私有化难以抵消空间连续资源，因为个人财产权的确立实际上是不可能的。此外，交易成本包括投资边界防御设施及维护、监督和制裁等活动的成本。由此可见，私有化博弈模型很可能会因为高昂的交易成本而倒向（背叛，背叛）的"囚徒困境"中。

　　自组织的资源治理模式假定有约束力的合约是由局外人有效予以实施的，就像本章在前面提到的由中央政府有效实施的惩罚一样。这时自组织博弈模型是在"囚徒困境"模型中加上一个参数，就是执行协定的交易成本，在奥斯特罗姆的著作中，一般用 e 来表示。这时两位原住民的博弈策略组中需要再加一个策略，原住民之间必须事先就保护地开发建设量进行谈判，同时确定如何分享保护地开发负载能力和如何分担执行协定所需成本。除非两位原住民的谈判达成一致意见，否则合约就不能实施。在谈判中，只要任何一位原住民否定保护地的负载能力和平等分担执行费用的建议，结果都将使博弈倒向（背叛，背叛）的"囚徒困境"中。唯一可行的办法是两位原住民平等分享牧地的实际开发量，并且每个人都支付小于 20 个单位的交易成本（图 6.9）。

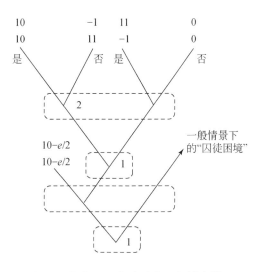

图 6.9 保护地开发建设自组织博弈模型

与利维坦博弈模型相比，自组织治理在三个方面具有较少的交易成本。第一个方面是信息成本（Williamson，1989；Hobbs，1996）。土地增值的准确判定对于融资是相当重要的。由于区位和社会网络优势，自组织治理在收集信息方面具有显而易见的优势。中央政府每年都在全国范围内组织国家公园土地收益的普查工作是十分困难的，而且由于不熟悉当地的实际情况，也难以判断所收集信息的真实性。在这种情况下，自组织治理具有明显的优势。

第二个方面是讨价还价的成本（Williamson，1979；Milgrom and Roberts，1990）。利维坦式治理的支持者希望由中央政府机构来决定保护地最适合的发展战略：谁可以使用保护地、什么时候可以使用等。但是中央政府与原住民之间的讨价还价的成本相当高。原住民非常可能反对中央政府制定的空间管制规则或融资方案，因此讨价还价是不可避免的。峨眉山风景名胜区和崂山风景名胜区等保护地就已经出现过这种困境。相反，九寨沟风景名胜区采用的地方政府参与型自组织治理模式，使双方拥有共同的目标和丰富的经验，有效地降低了议价成本。

第三个方面是监督和执法成本（Dahlman，1979；Klein，1980）。

由于中央机构必须雇用许多管理人员来维持机构运行，发现并惩罚条约的背叛者，这势必会造成相当大的执法成本。这些成本在自组织治理的制度中得到了改善。在某个地区世世代代生活的原住民，对保护地有着经济和精神上的依赖，他们更愿意观察其他原住民的行为，不会破坏保护地。原住民不需要聘请监察员监督条约的执行情况。谈判合同的各方的自身利益将导致彼此之间进行监督，并报告违规行为，从而使合同得到执行。

政府参与型自组织治理模式与自组织治理模式相比，地方政府干预的模式对降低交易成本有两个好处：首先，由于政府的支持，自组织合同更有可能实现（合作，合作）博弈。其次，由于非政府组织往往在威权体制国家缺少发展的传统，政府的参与减少了自组织治理受到制裁的风险。在理论的博弈模型上，政府参与型自组织可以有效地降低 e 值，增加合约达成共识的可能性和自组织博弈结构的稳定性；除此之外，由于政府的介入，（背叛，背叛）的结果不再是（0，0），而是（$-ny$，$-ny$），增加了合约破裂后双方的损失，从而进一步加强了合约达成共识的动机（图6.10）。

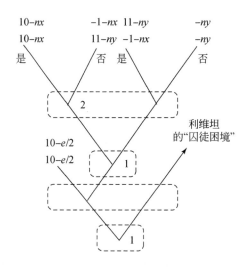

图 6.10　保护地开发建设政府参与型自组织博弈模型

（3）适用条件

结合上述交易成本和景观遗产资源特质的分析，就可以确定私有化的资源治理模式是不可行的：景观遗产资源是一种空间连续的、不可分辨的资源，与其他自然资源有着显著不同。尤其是中国的保护地，往往以优美的景致、山岳和意境为突出遗产价值，因此很难按照特定的标准切分并私有化。

世界上大多数国家都采取政府特别是中央政府直接管理保护地的管理方式。例如，受到国际遗产组织高度赞扬的美国国家公园体系就是中央政府管制的典型代表。从目前中国第一个国家公园体制改革试点的相关报道可以看出，中国三江源国家公园试图借鉴美国经验，建立一个由中央或省级政府主导的综合管理机构。需要注意的是，尽管大多数美国国家公园都是在联邦土地上建立的，但是早期为了实现土地国有化，美国国家公园管理局（National Park Service，NPS）采取了许多手段，如果国家公园边界内的土地或者国家公园边上的土地是私人的，考虑到景观和生态的完整性，NPS 可能直接购买这些土地。当直接购买土地不可行时，联邦政府通常使用市场手段，如保护地役权，以确保土地的长期保护而不改变其所有权。虽然中国三江源国家公园的试点工作取得了一定的成效，但是其具有一定的特殊性：保护地内部原住民数量较少，且土地所有权本身就属于国家。而对于中国大部分的保护地来说，有大量的原住民生活在内部，土地多数归集体所有，很难复制美国国家公园和中国三江源国家公园的经验。因此，对于中国的保护地而言，私有化不适用于空间连续、不可分割的公共资源；公有化则不适用于拥有大量集体土地的保护地。

社区自组织的资源治理模式受到许多学者的推崇，在一些实践中也表现出非常顽强的组织生命力。然而自组织的资源治理也并非"灵丹妙药"，在实践中也有诸多限制。奥斯特罗姆也认为自组织结构的成立是有严格条件的，包括边界清晰度、占有和使用的地方适用性及独立性、集体行动一致性、监督有效性、制裁的分权和分级、解决冲突的方案等。现实生活中，同时满足上述约束条件并非易事，如集体行动一致性，资源所有者集体内部阶级、贫富、民族、宗教等差异很容易导致集体行动的困境。对于发展中国家落后地区，保护地的原住民对长久以往的资源单位数量的占用规则、对应的物资或资金的供应规则有清晰的认识，然而面对保护地开发建设带来的显著经济增收，原住民并没有足够的经验或知识应对，无法合理地确定开发建设总量。另外，在权威体制国家，民间社团发展非常不成熟，基层治理多数不依靠社会契约，而是由上至下的层级"威权"治理。自组织达成的合约并不能对集体中的个体形成约束，合约破裂的风险极高。

因此，在发展中国家落后地区或威权体制国家的保护地，自组织的资源治理需要地方政府的参与。一方面，地方政府有能力组织编制更科学合理的空间管制（总量、边界和规则等），对于各种资源治理的事务，也能提供更明智的决策；另一方面，由政府牵头组织的合约更具有效力，保护地内的原住民也倾向于遵守，当出现合约"背叛者"时，政府也有能力实施制裁。由此可见，地方政府参与的自组织资源治理具有很强的地方适用性，是对经典"社区自组织"理论的深化和延展。

6.2 实证研究：以九寨沟风景名胜区为例

九寨沟风景名胜区位于四川省西北部岷山山脉南段的阿坝藏族羌族自治州九寨沟县漳扎镇境内，距离成都市400多千米。九寨沟风景名胜区地势南高北低，北缘九寨沟口海拔2000m，中部峰岭均在4000m以上，南缘达4500m以上，九寨沟主沟长30多千米。九寨沟的得名来自景区内九个藏族寨子，其内的藏族居民世代居住于此，故名"九寨沟"。九寨沟风景名胜区以其传说中的蓝色和绿色湖泊、壮观的瀑布、狭窄的圆锥形岩溶地貌和独特的野生动物而闻名。1978年，九寨沟划为国家级自然保护区；1982年，成为国家首批重点风景名胜区；1992年九寨沟列入《世界遗产名录》，成为世界自然遗产（见http：//whc. unesco. org/en/list/637）；1997年被联合国教育、科学及

文化组织列入世界生物圈保护区网络（见 https：//en. unesco. org/
biosphere/aspac/jiuzhaigou- valley），并且还获得了 IUCN 认证（见
https：//portals. iucn. org/library/taxonomy/term/43101）。

在 2016 年 8 月，课题组开展了对九寨沟的田野调查，并访谈 5 名
参与国家公园体制改革的学者、4 名保护地规划师、4 名地方政府官员
以及 11 名原住民。访谈的主要目的是总结归纳九寨沟风景名胜区融资
机制及效果。除此之外，新闻发布会、演讲、官方或新闻门户网站、
学术期刊、书籍、统计年鉴等资料也为调研提供了不少有用的信息。
通过对尽可能多的学者、规划师和其他利益相关者的采访，许多公开
数据无法获得的信息被成功补充，并为本书的发现和建议提供了证据。
有关九寨沟风景名胜区的历史资料多数是从以前的文章、报道和图集
中获取的。

6. 2. 1　　九寨沟国家级风景名胜区的制度变迁

为保护九寨沟具有突出的普遍价值的景观遗产资源，九寨沟管理
局于 1984 年成立。九寨沟国家公园管理模式可划分为三个时期（任
啸，2005；Yao et al.，2016）。

第一个时期（1984～1992 年）管理薄弱，虽然九寨沟管理局已经
成立，但无法有效保护珍贵遗产资源和组织旅游开发。由于旅游业的
兴起，原住民以家庭为单位自发建立具有西藏特色的家庭旅馆。随着
家庭旅馆的增多，旅游业发展迅猛，造成了激烈的竞争，出现了争抢
客源、竞相压价的恶性竞争，园区形象遭到破坏，环境日趋恶化。

第二个时期是自组织治理时期（1992～2000 年）。1992 年，在九
寨沟管理局统筹协调下，整合了树正、荷叶、扎如在内的共计 66 个家
庭，成立了九寨沟旅游股份有限公司（后更名为九寨沟联合经营公
司），沟内的旅馆等旅游业统一管理和经营。除门票外，每位旅客需额
外缴纳 22 元的住宿费。年底根据他们在联合经营公司所占份额（床位
数量）将其重新分配给村民。然而，保护地开发建设的自组织治理模

式却不尽如人意。由于对保护地开发建设量缺乏科学客观的认识，家庭旅馆的数量骤增，环境污染问题日趋严重。旅游、食宿集中的地点水体受到严重污染，房屋道路、景区基础设施的建设导致山坡坡脚失稳和不良地质现象产生。世界遗产委员会严肃警告九寨沟风景名胜区的管理问题，认为这种管理不善可能会导致风景名胜区快速城镇化。

第三个时期是地方政府参与的自组织治理时期（2000 年至今）。针对国际经验和地方问题，九寨沟管理局和联合经营公司开展了一系列改革。1998 年开始，沟内停止了一切经营性活动，到 2001 年，家庭旅馆全部关闭。为了解决经营性活动外迁后村民的补偿和日后经营创收的问题，地方政府采取了一系列措施，具体补偿手段将在 6.2.2 节详细叙述。此外，九寨沟管理局与原住民建立了诺日朗餐厅。九寨沟管理局占 51% 的股份，原住民占 49% 的股份。其中，九寨沟管理局持股的 51% 中有 28% 用于提高原住民的生活质量。

目前九寨沟风景名胜区依然采取地方政府参与型自组织治理的管理模式。在这种管理模式下，九寨沟风景名胜区如何实现融资，其手段如何，是否实现了公平和效率，将成为本书关注的重点。本章通过对九寨沟风景名胜区的案例分析，实证地方政府参与型自组织治理的管理模式在中国保护地融资过程中的可行性及优势。

6.2.2 九寨沟风景名胜区融资

本节通过对地方政府参与型自组织治理的管理模式进行实地考察和调研，总结出若干种融资机制，大致可分为直接融资和间接融资两类。

直接融资机制是指通过风景名胜区的门票和下属公司的（如餐饮、旅游）营业额来捕获增值，并将一定比例的增值分配给原住民。具体来说有三种机制。

门票收入。九寨沟风景名胜区的门票收入是九寨沟管理局最重要、最稳定的收入来源，多年来占总收入的 97% 以上。在 2000 年以前所有门票收益都归九寨沟管理局和各级政府（如漳扎镇、九寨沟县和阿坝藏族羌族自治州）所有，并不会与原住民分享。2000 年为解决环境恶化问题，当地政府和九寨沟管理局将所有私营家庭旅馆迁出风景名胜区后，为补偿原住民的经济损失，九寨沟管理局开始将一定比例的门票收入分享给原住民。2001～2007 年，九寨沟管理局将 3800 万张门票（1998 年游客总量）中，每张门票的 22 元，分享给原住民（包括后来嫁入九寨沟的配偶和 2004 年以前出生的小孩），每个原住民每人每年可以得到补偿款 7200 元左右。2008 年以来，九寨沟管理局改变了补偿标准，将全部门票中，每张门票提取 7 元作为补偿款，2012 年和 2013 年原住民每人分别获得补偿款 16 000 元和 22 000 元。

诺日朗餐厅的股份。2001 年，九寨沟管理局联合原住民一起建立了诺日朗餐厅股份公司。九寨沟管理局和原住民以每股 2000 元购买股份。每个股东最多可以购买十股，最终九寨沟管理局拥有诺日朗餐厅51% 的股份，原住民拥有 49% 的股份。不过，股息比例与股票结构并不相同：九寨沟会将 51% 股息中的 28% 的利润用来补偿原住民因家庭旅馆拆迁受到的经济损失，因此，九寨沟管理局最终股息比例为23%，原住民为 77%。诺日朗餐厅于 2003 年开始营业，每年向每个股东支付约 6000 元的年度分红，如 2010 年为 5500 元，2011 年为7000 元。

吉祥九寨沟旅游服务有限公司的股份。吉祥九寨沟旅游服务有限公司也是股份制公司，但政府不参股。该公司成立于 2014 年，共有1294 位股东，均为原住民。股东每年收入约 1200 元/人，合计约 155万元，约占该公司 2015 年利润总额（约 201.8 万元）的 77%。

除上述的融资外，为了解决私人旅游车辆增加带来的拥堵问题，2003 年成立了国有九寨沟旅游股份有限公司。阿坝藏族羌族自治州国有资产监督管理委员会、九寨沟县国有资产监督管理委员会和九寨沟管理局分别持有九寨沟旅游公司股票的 17%、18% 和 65%。此外，九寨沟管理局拥有三家酒店，用于接待任务而非盈利。

间接融资机制是指通过提高土地使用效率而间接带来的好处。例如，当土地用途从农业用地变为饮食或其他商业用地时，可能会为保护地的原住民提供就业机会。本书详细探讨了两种机制。

正规就业。九寨沟管理局出台文件硬性规定：在同等条件下，优先安排原住民在管理局及其下属公司就业或从事保护工作。获得本科学位的原住民子女可以在九寨沟管理局机关工作，甚至可以成为中层管理人员。具有大专学位的原住民子女可以在九寨沟管理局下属公司安置就业。表6.1列出了九寨沟风景名胜区原住民正规就业基本情况。

表6.1 九寨沟风景名胜区正规就业人数统计

职务		人数	占原住民的比例/%	占公司员工数的比例/%
九寨沟管理局		59	4.56	12.8
其他政府部门		19	1.47	—
诺日朗餐厅		20	1.55	6.5
吉祥九寨沟旅游服务有限公司		52	4.02	56.3
九寨沟绿色旅游观光有限责任公司		24	1.85	3
九寨沟文艺艺术团		2	0.15	2
九寨沟居民委员会	办公室	17	1.31	—
	水电工	6	0.46	—
	环卫工	17	1.31	—
	纪检	29	2.24	—
总计		245	18.93	—

注：实际调研获得数据。

非正规就业。对于受教育水平较低的原住民，优先安排他们从事其他临时性工作，如巡山等。从事临时性工业（如环卫、林业、保护等）的原住民，月薪比九寨沟风景名胜区外的人多1000元。此外，九寨沟管理局在诺日朗餐厅专门开辟了一块区域作为旅游商品售卖区，没有工作的原住民可以申请售卖区的展位，每个展位每年只需支付1000元的租金和管理费。此外，九寨沟管理局还在四个固定地点（沟内五花海等地）安排原住民出租藏族服饰和摄影。2017年，非正规就业的原住民有458人，其中旅游纪念品店195人，服装出租场所263人。根据实地调查，原住民通过出租藏族服饰和提供摄影服务，每年可以挣到 4000 元左右。

6.2.3 融资的公平性

通过实际调查九寨沟风景名胜区的三个行政村（荷叶村、树正村、扎如村）的收入变化，比较原住民在不同时期的收入情况，以此来评估自组织治理（或政府参与型自组织治理）是否实现了保护地的公平发展。

最初这三个行政村的主要经济来源都是农牧业，村子之间的收入差距并不大。20 世纪 90 年代初，由于区位差异，三个行政村的旅游收益差距逐渐变大。树正村位于旅游景点附近，紧靠公路，首先开始发展旅游。荷叶村紧随其后推进旅游业，从山上的老寨子搬迁下来并在公路旁建立新的村寨，旅游业快速发展。这两个村的村民都从旅游业发展中受益匪浅。而扎如村位于九寨沟流域上游，不管是区位还是空间管制，发展都受到严格限制，因此扎如村的原住民没有从旅游快速发展中受益。

在自组织（政府参与型自组织）治理模式确立后，通过直接和间接的融资机制，九寨沟风景名胜区发展不均衡的困境得到了有效改善。三个行政村的收入差距大大缩小。根据 2004 年九寨沟居民委员会不完全统计资料、2005 年九寨沟管理局问卷调查，以及 2016 年实地调查和访谈，可以看出，2000 年底三个行政村的收入差距最大，扎如村家庭平均收入仅为树正村家庭平均收入的 18.1%，是荷叶村家庭平均收入的 18.3%。自组织治理实施后，到 2005 年这一差距已经缩小，扎如村家庭平均收入为荷叶村家庭平均收入的 59.5%，是树正村家庭平均收入的 45.4%。到 2016 年，三个行政村的家庭平均收入差距已经基本消失。

综上所述，无论是自组织治理，还是政府参与型自组织治理，都有效地实现了保护地内社会公平的目标。

6.2.4　融资的效率性

我们用成本收益法来评估地方政府干预下自组织治理模式的效率。为方便起见，我们从以下两个方面评估收益：①整体利益相关者和每个利益相关者是否获得更好的回报；②景观遗产资源是否受到更好的保护。

1983 年九寨沟风景名胜区原住民人均收入为 260 元/a，仅能维持最低的温饱水平。随着旅游业的发展，1996 年原住民人均收入达到 13 659 元/a，2005 年为 14 700 元/a，2012 年达到 34 400 元/a。在时间序列中可以看出原住民收入激增，当然这也可能是因为宏观经济的高速发展。除此之外，通过 "九寨沟县统计资料"、《四川统计年鉴》和《中国统计年鉴》，可以比较居住在九寨沟风景名胜区的原住民的平均收入与九寨沟县其他居民的平均收入：1992 年以前九寨沟风景名胜区内的所有原住民都是农业人口，需要比较风景名胜区内农业人口的人均收入与九寨沟县的人均收入；1992 年以后统一变为非农业人口，因此需要比较 1992 年以后风景名胜区内非农业人口的人均收入与四川省和中国其他地区的人均收入。

1984 年以前风景名胜区内的原住民收入与九寨沟县其他农村居民的人均收入没有显著差异，均在 100～500 元，由于丰富的森林和药用资源，风景名胜区内的原住民收入甚至略高于其他地区。1984 年以后随着旅游业的发展，社区居民收入快速增长，不仅高于农村其他地区的收入，甚至高于其他地区城镇人口的收入。2004 年九寨沟风景名胜区内原住民收入是九寨沟县城镇人口平均收入的 1.9 倍，是四川省的 3.9 倍，是全国的 3.2 倍。从这个角度来看，居民收入确实有了明显的提高，但是并不能确定原住民收入的增加是自组织治理制度的红利，还是旅游兴旺带来的收益增加。

通过深入访谈调查了一位九寨沟风景名胜区的原住民，可以发现，融资机制是其收入的主要部分。她的收入主要分为 6 个部分：①退耕还林补偿款，每年 9490 元（她家退耕还林面积 32 亩，相当于每亩 300 元/a）；②诺日朗餐厅分红，从 2008 年开始分红；③吉祥餐厅分红，从 2015 年开始分红；④摊位经营收入，从 2008 年开始；⑤门票分红，从 2008 年开始分红；⑥工资收入，她现就职于九寨沟居民委员会，每年有正常工资收入。具体收入见表 6.2。

表 6.2　九寨沟风景名胜区原住民收入构成　　　（单位：元）

年份	退耕还林补偿款	诺日朗餐厅分红	吉祥餐厅分红	摊位经营收入	门票分红	工资收入
2008	9 490	—	—	约 14 000	2 000	32 500
2009	9 490	—	—	约 13 000	3 000	31 470
2010	9 490	3 000	—	约 13 000	5 000	32 680
2011	9 490	5 600	—	约 15 000	6 000	33 780
2012	9 490	7 000	—	约 15 000	16 000	32 590
2013	9 490	4 000	—	约 16 000	22 000	32 860
2014	9 490	6 000	—	约 17 000	18 500	32 860
2015	9 490	4 000	1 200	约 18 000	27 000	33 290
2016	9 490	4 000	未分	约 18 000	27 000	33 610

注：除摊位经营收入外，其他融资方式都直接打入原住民银行账户，因此有较为准确的金额，摊位经营收入较难统计，因此只是受访者的估计值。

除收入水平提高外，保护地遗产保护是评估融资效率的另一个重要维度。1996 年世界遗产委员会对九寨沟风景名胜区的保护状况进行了严厉谴责，九寨沟管理局和地方政府改变了管理体制，由自组织治理转变为政府参与型自组织治理，并采取了一系列措施来提升管理水平。通过访谈我们可以清楚地看到，近年来，九寨沟风景名胜区的资源和遗产保护有了显著的提高。

2002 年前后九寨沟风景名胜区的主要问题是过度的基础设施建设。在风景名胜区的门口，不仅能看到多处有塔吊的建筑工地，在我住的扎西宾馆旁边，正在修路的震动式压路机，把宾馆的楼震得不断颤动。沟内也是一样，九寨沟管理局正在多个景点修栈道。联合经营公司成立后，原住民也积极筹建住宿设施。不过，2005 年以来，管理局把所有的民宿搬出风景名胜区后，情况有所好转。

——游客

我曾两次去过九寨沟，两次都是令人印象深刻的。第一次去是在 2003 年的夏天。当我在沟内欣赏美景时，一辆旅游巴士在我们后面的道路上迅速驶来，当时，深刻地感受到原有的景观生态与现代文明的巨大反差。卡车和路上其他车辆排放重柴油废气，使我旅游体验非常糟糕。我住在川主寺附近的饭店，经常闻到许多黑色塑料垃圾袋散发的气味。酒店餐厅将未经处理的污水直接排入岷江。

第二次去九寨沟就是在今年（2016 年）。感觉非常不一样，五花海像一面镜子，坐在那里野餐非常舒服。九寨沟仿佛是一个从来没有被人类打扰的、自然的、原始的湖泊。

——游客

除游客的直接感受外，2012 年住房和城乡建设部开展的国家级风景名胜区管理评估和监督检查中，九寨沟风景名胜区也得到了很好的评价，中央政府高度评价九寨沟国家公园的保护工作。因此可以说，现有保护地管理制度在保护遗产资源方面取得了较高的成效。

访谈材料也佐证了另一个理论假设：在偏远落后地区，没有政府干预的自组织治理是不适用的。1992 年以来，九寨沟风景名胜区虽然开始实施自组织治理，但环境退化依旧持续甚至恶化。因此，地方政府不得不介入九寨沟的管理事务。九寨沟风景名胜区的遗产保护失败的原因有两个：首先，中国的土地使用制度并没有激发原住民对遗产保护的信心。中华人民共和国成立以来，中国的土地产权制度发生了巨大的变化。虽然 1982 年《中华人民共和国宪法》明确规定城市土地属于国家所有，农村土地归集体所有，但是农地的承包合同期限和城市用地的土地使用权期限并不稳定。除此之外，相关的政策往往还是自相矛盾的。在这样的土地制度安排下，现在的土地所有者意识到拥有的土地在未来可能被强制性征收，而无法获得土地任何收益。土地产权复杂化倾向导致土地滥用和土地改良投资减少（Ellickson，2012）。因此，只有原住民组成长期且稳定的自组织，才有强大的遗产保护动力。

另外，自组织治理要求有明智的决策，这在中国欠发达地区是几乎不可能的。这种情况在中国的其他保护地实践中已经出现，真正失败的原因可能是允许私营公司担任决策者。九寨沟管理局在访谈中说道：

如果管理交由外部的承包商，他们不一定会以保护资源为主，更多的是希望开发而受益。一旦环境破坏，九寨沟风景名胜区的品牌形象将受到巨大的负面影响。原住民的利益也将受到损害，地方政府也会受到牵连……地方政府干预的自组织治理是最好的管理制度。

——九寨沟管理局工作人员

作为社区自组织治理理论的创始人，奥斯特罗姆一直质疑"资源外部管理者可以对社会生态系统做出简单的预测模型，并推导普遍的解决方案，解决资源过度使用或破坏的问题。"（Ostrom，2007）。她呼吁超越政府与市场，并探索处理"复杂的、多变量的、非线性的、跨尺度的和不断变化的社会生态系统"治理方式。九寨沟风景名胜区的案例研究提供了一个基于自组织又具有中国特色的公共资源治理模式，对于理解中国保护地的制度建设具有重要意义。

6.3　小　　结

本章首先架构了保护地空间管制第三层融资的框架，保护地内既存在因空间管制调整和基础设施投资而价值增加的土地，也有因生态与景观资源保护而价值受损的土地，因此存在保护地内部的融资机制。保护地内部融资的主体与对象难以区分，融资政策工具的核心是制度设计，因此本章讨论的核心是在什么样的制度设计下，保护地内部融资最能实现公平性和效率性。

本章从融资机制、交易成本和适用条件三个方面比较了利维坦、私有化、自组织和政府参与型自组织四种公共资源治理模式，认为在集权的、落后的地区，政府参与型自组织治理是最有效的管理方式。

本书以九寨沟风景名胜区为例，首先梳理了其管理体制演变历程，归纳了直接和间接的融资机制，在此基础上，评估了九寨沟风景名胜区在不同时期不同管理体制下，公平性和效率性的变化，证实了政府参与型自组织治理模式的有效性。

第7章 | 结论与展望

7.1 主 要 结 论

7.1.1 中国保护地融资的法理基础是公共负担平等

近些年，中国政府对保护地的补偿资金投入不断加强，而与此相关的理论研究却相对滞后，即使在保护地空间管制为何需要补偿这样基础的命题上也含糊其辞。本书研究表明：①我国的保护地空间管制并没有强制改变土地所有权性质，用益物权人仍然可以享受原本就享有的各项权利，"遗产保护"与土地原始用途也并不矛盾，因此保护地空间管制并没有构成土地的征收或征用；②虽然参照警察权的含义，保护地空间管制完全可以界定在警察权的权力范围内，但在现实中，警察权与管制性征收的界限并非泾渭分明，警察权与管制性征收的界限一直非常模糊，在整个美国司法历史上，二者之间的界限也多次摇摆；③保护地土地所有者既在"公法上的土地开发权"上受到更严苛地限制，也在"私法上的土地使用权"上比保护地外的所有者承担了更多的社会义务，因此，基于大陆法系的公共负担平等，保护地空间管制是强加于少数的公共负担，保护地居民在这种关系中变成了牺牲者，被公共利益强加以负担，因此对他们的补偿也就必须由社会公众来承担。综上所述，保护地融资的法理基础是公共负担平等。

7.1.2 基于"负担与补偿对称"原则，中国保护地空间管制需要三层次融资

土地的外力增值通常是由于社会整体进步带来的外部性后果，可分为社会整体进步带来的增值和空间管制带来的增值，本书主要关注的空间管制带来的增值同样可分为两个方面，即空间管制的外部性和发展权管制。空间管制的外部性包括基建设施的建设、商业投资的布局和公共事业设施的健全等；发展权管制带来的增值是通过调整某块土地的用地性质和开发强度，进而影响土地发展权的改变造成的。具体到保护地空间管制，发展权管制和空间管制的正外部性带来的土地增值主要分为四个部分：保护地边界划定、保护地分区管制和保护地内基础设施以及作为生态基础设施的保护地整体。由此，中国保护地空间管制需要三层次融资，第一层融资是国家对作为生态基础设施的保护地整体的补偿；第二层融资是保护地周边增值土地对保护地的融资；第三层融资是保护地内部的融资。

7.1.3 保护地空间管制三层次融资的主体各不相同：第一层融资是全民和资源有偿使用者；第二层融资是保护地周边土地权利人；第三层融资是保护地内部分原住民

通过回顾土地发展权概念的演变，本书研究表明，土地发展权中的"空间使用功能的变化"可以包括三部分：①农业用途转为非农用途；②农用地内部用途的变更；③建设用地内部土地用途的变更。在空间管制的框架下，保护地内土地权利人的利益受损既有作为载体的土地发展权受限导致的损失，也有作为资源产品所有权受限导致的损失。对于载体的发展权限制的受益者是全体民众，因此所有人都应该为此支付费用，主要的融资工具就是"生态补偿"；对于产品的所有

权限制受益者是资源生产加工者，这时应该通过"资源有偿使用费"的方式捕获部分利益，返还给保护地内资源的所有者。

保护地空间管制的第二层融资是指因管制外部性导致保护地周边土地权利人因区位优势而获益，其土地的部分增值应该被捕获，用于保护地空间管制的开支。主要的资金来源是土地税费金。保护地空间管制的第三层融资是指保护地内部的利益均衡过程，因发展权管制和管制外部性获益的原住民是该层融资的主体。

7.1.4 在保护地空间管制第一层融资方式中，生态补偿政策具有多重功能，而最本质的"补偿"功能并不是主导；生态移民政策具有多种形式，但交易成本普遍较高

虽然现有生态补偿政策类型繁多，但具体到每一项生态补偿政策，其中的补偿缘由并不明确。通过梳理我国现有生态补偿政策（国家重点生态功能区转移支付、天然林资源保护、退耕还草、生态补助奖励、森林生态效益补偿、森林抚育补贴、造林补贴，以及京津风沙源治理、西南岩溶地区石漠化、长江黄河上中游等重点区域水土流失综合治理等方面），发现生态补偿政策中，补偿的缘由主要分为四类：空间管制的补偿、生态工程的支出、激励机制的奖金和扶贫的转移支付。顾名思义，生态补偿的"补偿"应该是对权利人受损利益的融资过程；"生态"应该指的是载体（自然资源的载体）土地开发的机会成本；也就是说，生态补偿应该是对那些因空间管制而导致土地发展权被剥夺的土地权利人的受损利益的补偿。在四类生态补偿的缘由中，"空间管制的补偿"仅占很小的比例，因此虽然现有政策以"生态补偿"为名，但未行"生态补偿"之实。

在中西部地区推行的生态移民政策具有多种形式，按搬迁形式分为整体搬迁和零散搬迁，按安置形式分为集中安置和零散安置，按搬迁距离分为乡内安置、县内安置、跨县安置和跨市安置。生态移民信

息成本、协商成本和监督成本三个方面普遍较高。三江源国家公园案例显示，生态补偿和生态移民都对保护地的生态和资源保护有积极影响，但生态移民面临高昂的交易成本，实施效果并不稳定。

7.1.5 保护地空间管制第二层融资方式中，土地（不动产）保有阶段的房地产税是交易成本最小且效果最好的融资方式

保护地空间管制第二层融资是指因保护地开发受限而促成周边土地增值时，捕获周边土地部分增值返还给保护地的方式。第二层融资有四种方式：①在土地"招拍挂"出让阶段获取"土地出让金"；②土地出让合同变更时补交"土地出让金"；③土地（不动产）交易阶段获取"契税"；④土地（不动产）保有阶段的房地产税。四种融资机制在维持政府公正性的成本、界定土地收益的成本、谈判成本和执行成本方面各有不同。

以西湖文化景观为例，通过建立基于特征价格的空间混合自回归模型，论证了保护地空间管制对周边土地增值的影响呈负指数形式，以空间自回归模型残差的两倍标准为阈值，确定保护地空间管制外部性边界。通过估算不同融资方式的效果可知，房产税是实施效果最好的融资方式。

7.1.6 政府参与型自组织治理是适用于集权制、落后地区的保护地融资的管理模式

保护地是典型的公共资源，因此会在大部分人同时利用这类稀缺的共同资源时，不可避免地导致环境恶化，也就是"公地悲剧"。不少学者提出了所谓"唯一"方案，即依靠强有力的中央集权或者彻底的私有化来解决公共资源的悲剧，奥斯特罗姆提出社区在某些情况下既不需要国家的干预，也不必将资源私有化，而是可以通过自主管理

公共资源的方式解决"公地悲剧"。在上述三种资源治理的基础上，本书提出了政府参与型自组织治理模式。通过比较四种资源治理模式在融资机制、交易成本和适用条件三方面的差异，本书认为，对于集权制、落后地区的保护地，政府参与型自组织治理模式可以更有效地实现融资过程。本书以九寨沟风景名胜区为例，通过梳理其在不同时期的管理体制和融资方式，评估了政府参与型自组织治理模式在九寨沟风景名胜区是否实现了社区公平、经济发展和遗产保护的目标。

7.2　研究不足与展望

7.2.1　研究不足

本书的研究和讨论在理论与实证方面存在以下三点不足。

首先，保护地空间管制第一层融资的分析中，由于国家公园试点的推进和保护地主管部门的机构调整，保护地体系面临的主要矛盾由横向的部门职能交叉变为纵向的"央地关系"博弈，这在保护地第一层融资中表现得尤其明显。本书在保护地管理的"央地事权"划分方面存在不足，也体现在并未明确国家转移支付与资源有偿使用费两者的主从关系及比例。对于第一层融资来说，国家转移支付和资源有偿使用费总金额并不确定，于是就存在这样一个问题：当一个保护地需要空间管制补偿时，是以国家转移支付为主，还是以资源有偿使用费为主？换句话说，是以国家转移支付为主体，资源有偿使用费为补充，还是相反？不管怎样，又如何确定二者的比例呢？在保护地空间管制第一层融资中，这个问题还尚未有明确的研究结论。

其次，保护地空间管制第二层融资的分析中，选取西湖文化景观为案例，既具有普适性，也具有特殊性。普适性在于西湖文化景观周边城市地域开阔，适用于研究空间管制外部性边界的范围；特殊性在于西湖文化景观属于城郊型风景名胜区，而且开发非常完善，与城市已经融为一体，对城市土地价值的提升作用远远高于其他的保护地。因此还需要选取更多类型的保护地论证确定空间管制外部性方法的有效性。我国保护地类型多样，有以生态保护地为主的自然保护区，也有以历史文化景观保护为主的风景名胜区，保护地与周边城镇的关系也较多样。西湖文化景观固然是比较典型的案例，可以较好地展现保护地空间管制外部性的特征。但是，是否存在其他的保护地空间管制对周边土地价值的影响形式，还需要更多的案例支持。

最后，保护地空间管制第三层融资的分析中，选取九寨沟风景名胜区为案例，具有一定的特殊性。奥斯特罗姆提出的社区自组织的资源治理模式具有非常严格的制度设计标准，非常巧合的是九寨沟风景名胜区的管理体制基本满足了上述条件。在我国的其他保护地中，采取相同管理体制的保护地中，很多都失败了。另外，随着中国经济的发展和社会的进步，地方政府是否可以退出社区自组织，这也需要更多的论证。

7.2.2　研究展望

基于上述研究不足，未来还可以在以下两点进行研究拓展。

首先，在新时代背景下，如何处理保护地融资过程中中央与地方的关系是值得深入探讨的议题。不论是生态补偿政策还是生态移民政策，既需要中央宏观的政策指引与财政支持，也需要地方政府的配合实施，其中的传导机制具有很强的现实意义，值得更充分地论证和研究。

其次，调研更多类型的保护地，丰富保护地融资的机制内涵与制度设计。对于第二层融资的研究，除了城郊型的保护地外，其他郊野型、山岳型等各类保护地空间管制对于周边土地增值的影响都值得继续深入研究，对于空间管制外部性模型的优化和融资机制交易成本的比较都有帮助。对于第三层融资的研究，需要更多的保护地类型，这些保护地可能缺少明确的和清晰的边界、与当地条件不一致的占用和供给规则、集体行动困难、缺少监督和分级制裁、冲突解决机制不完善等，未来的研究需要关注放宽任何一条标准，保护地空间管制的融资机制会有何变化，这将对保护地管理实践具有非常重要和深远的意义。同时，位于不同经济发展水平和基层治理结构的保护地也应该分类研究，丰富保护地资源治理和融资的解释能力。

除此之外，未来研究还可以拓宽现有的理论框架，推广到更多的文化遗产、历史文化名城（镇、村）等载体属性偏人文的遗产融资的研究和实践中，虽然这类遗产空间管制导致土地增值或减值的机制可能并不一致，但是"负担补偿"平等原则以及融资方式的交易成本比较等原则仍然适用。

参 考 文 献

包智明. 2006. 关于生态移民的定义、分类及若干问题. 中央民族大学学报（哲学社会科学版），(1)：27-31.

庇古. 2009. 福利经济学. 上海：上海财经大学出版社.

陈柏峰. 2012. 土地发展权的理论基础与制度前景. 法学研究，(4)：99-114.

陈传明. 2011. 福建武夷山国家级自然保护区生态补偿机制研究. 地理科学，(5)：594-599.

陈若英. 2011. 信息公开—强制征地制度的第三维度. 中外法学，23 (2)：270-284.

陈银蓉，梅昀. 2015. 基于耕地占补平衡的土地发展权移转交易模式与交易价格分析//中国土地资源开发整治与新型城镇化建设研究：37-43.

程雪阳. 2014. 土地发展权与土地增值收益的分配. 法学研究，(5)：76-97.

初春霞，孟慧君. 2006. 生态移民与内蒙古经济可持续发展. 农业现代化研究，27 (2)：104-109.

戴其文，赵雪雁. 2010. 生态补偿机制中若干关键科学问题——以甘南藏族自治州草地生态系统为例. 地理学报，65 (4)：494-506.

戴双兴. 2009. 香港土地批租制度及其对大陆土地储备制度的启示. 亚太经济，(2)：117-120.

杜发春. 2014. 三江源生态移民研究. 北京：中国社会科学出版社.

杜仪方. 2016. 财产权限制的行政补偿判断标准. 法学家，(2)：96-108.

傅十和. 1999. 土地投机与地价泡沫. 中国土地科学，13 (2)：22-25.

高洁，廖长林. 2011. 英、美、法土地发展权制度对我国土地管理制度改革的启示. 经济社会体制比较，(4)：206-213.

郭冬艳，王永生. 2015. 国家公园建设中集体土地权属处置情况分析. 中国国土资源经济，(5)：21-23.

郭莉. 2002. 审慎的转折：在市场与分配正义之间——评约翰·斯图亚特·密尔的《政治经济学原理》. 杭州：浙江大学.

郭维平. 2013. 中国共产党的社会动员模式研究. 云南行政学院学报，(6)：16-19.

何渊，徐键. 2006. 公共负担平等原则的具体化——论特别财产限制的补偿. 唐都学刊，22 (2)：93-97.

侯华丽，杜舰. 2005. 土地发展权与农民权益的维护. 农村经济，(11)：78-79.

胡静．2007．美国的土地开发权转让制度及成效借鉴．时代经贸，（9Z）：61-62．

胡兰玲．2002．土地发展权论．河北法学，20（2）：143-146．

胡映洁，吕斌．2016．城市规划利益还原的理论研究．国际城市规划，31（3）：91-97．

黄东东．2016．征地补偿、制度变迁与交易成本：以三峡移民为研究对象．北京：法律出版社．

黄泷一．2013．美国可转让土地开发权的历史发展及相关法律问题．环球法律评论，35（1）：120-140．

惠彦，陈雯．2008．英国土地增值管理制度的演变及借鉴．中国土地科学，22（7）：59-66．

蒋礼仁，李宗平．2010．基于土地开发收益的轨道交通间接利益还原模式研究．交通运输工程与信息学报，（2）：56-59．

课题组三江源区生态补偿长效机制研究．2016．三江源区生态补偿长效机制研究．北京：科学出版社．

李嘉碧．2011．基于土地租税费的土地增值收益分配研究．广州：华南理工大学．

李俊生，罗建武．2015．中国自然保护区绿皮书：国家级自然保护区发展报告．北京：中国环境科学出版社．

李宁，龚世俊．2003．论宁夏地区生态移民．哈尔滨工业大学学报（社会科学版），5（1）：19-24．

李特尔．2014．福利经济学评述．北京：商务印书馆．

李文华，李芬，李世东，等．2006．森林生态效益补偿的研究现状与展望．自然资源学报，21（5）：677-688．

李文华，刘某承．2010．关于中国生态补偿机制建设的几点思考．资源科学，32（5）：791-796．

李屹峰，罗玉珠，郑华，等．2013．青海省三江源自然保护区生态移民补偿标准．生态学报，33（3）：764-770．

梁鹤年．1996．中国城市土地开发增值分配问题与意见．现代城市研究，（3）：44-48．

林坚．2014．土地用途管制：从"二维"迈向"四维"——来自国际经验的启示．中国土地，（3）：22-24．

林坚，许超诣．2014．土地发展权、空间管制与规划协同．城市规划，38（1）：26-34．

林坚，乔治洋．2017．博弈论视角下市县级"多规合一"研究．中国土地科学，31（5）：12-19．

林坚，唐辉栋．2017a．加强耕地管控性保护制度建设．中国土地，（4）：10-11．

林坚，唐辉栋．2017b．全域意义上的"开发强度"刍议．中国土地，（6）：16-18．

林坚，陈诗弘，许超诣，等．2015．空间规划的博弈分析．城市规划学刊，（1）：10-14．

林坚，骆逸玲，吴佳雨．2016．自然资源监管运行机制的逻辑分析．中国土地，（3）：17-19．

林坚，乔治洋，叶子君．2017a．城市开发边界的"划"与"用"——我国14个大城市开发边界划定试点进展分析与思考. 城市规划学刊, (2): 37-43.

林坚, 吴宇翔, 郭净宇. 2017b. 英美土地发展权制度的启示. 中国土地, (2): 30-33.

林来梵. 2003. 针对国家享有的财产权——从比较法角度的一个考察. 法商研究, (1): 54-62.

刘国臻. 2008. 论我国设置土地发展权的必要性和可行性. 河北法学, 26 (8): 113-116.

刘连泰. 2015. 法理的救赎——互惠原理在管制性征收案件中的适用. 现代法学, 37 (4): 64-76.

刘学敏. 2002. 西北地区生态移民的效果与问题探讨. 中国农村经济, (4): 47-52.

鲁顺元. 2008. 生态移民理论与青海的移民实践. 青海社会科学, (6): 23-27.

罗尔斯丁. 2000. 正义论. 北京: 京华出版社.

马洪波. 2009. 建立和完善三江源生态补偿机制. 国家行政学院学报, (1): 42-44.

马克思. 1953. 马克思资本论 (第一卷). 北京: 人民出版社.

马伟华, 胡鸿保. 2007. 宁夏生态移民中的宗教文化调适——以"芦草洼"吊庄移民为例//中国环境社会学国际学术研讨会.

毛显强, 钟瑜, 张胜. 2002. 生态补偿的理论探讨. 中国人口·资源与环境, 12 (4): 40-43.

孟琳琳, 包智明. 2004. 生态移民研究综述. 中央民族大学学报 (哲学社会科学版), (6): 48-52.

孟召宜, 朱传耿, 渠爱雪, 等. 2008. 我国主体功能区生态补偿思路研究. 中国人口·资源与环境, 18 (2): 139-144.

闵庆文, 甄霖, 杨光梅. 2007. 自然保护区生态补偿研究与实践进展. 生态与农村环境学报, 23 (1): 81-84.

穆勒 J. 1991. 政治经济学原理及其在社会哲学上的若干应用. 北京: 商务印书馆.

彭錞. 2016. 土地发展权与土地增值收益分配 中国问题与英国经验. 中外法学, 28 (6): 1536-1553.

彭涛. 2016. 规范管制性征收应发挥司法救济的作用. 法学, (4): 143-150.

乔治 H. 2010. 进步与贫困. 北京: 商务印书馆.

任善英, 苏薇. 2016. 三江源生态移民生产生活效益研究. 天津: 天津大学出版社.

任啸. 2005. 自然保护区的社区参与管理模式探索——以九寨沟自然保护区为例. 旅游科学, 19 (3): 16-19.

苏薇. 2016. 三江源生态移民保险保障研究. 天津: 天津大学出版社.

孙中山. 1981. 孙中山全集第一卷 (1890-1911). 北京: 中华书局.

谭峻. 2001. 台湾地区市地重划与城市土地开发之研究. 城市规划学刊, (5): 58-60.

谭明智. 2014. 严控与激励并存: 土地增减挂钩的政策脉络及地方实施. 中国社会科学, (7): 125-142.

唐小平．2014．中国国家公园体制及发展思路探析．生物多样性，22（4）：427-430．

田莉．2004．土地有偿使用改革与中国的城市发展——来自香港特别行政区公共土地批租制度的启示．中国土地科学，18（6）：40-45．

万磊．2005．土地发展权的法经济学分析．重庆社会科学，（9）：84-87．

汪晖，陶然．2009．论土地发展权转移与交易的"浙江模式"——制度起源、操作模式及其重要含义．管理世界，（8）：39-52．

王海燕，闫磊．2014．甘肃生态移民工程中存在的问题及对策建议．农村经济与科技，（4）：171-172．

王洪平，房绍坤．2011．论管制性征收的构成标准——以美国法之研究为中心．国家检察官学院学报，（1）：140-147．

王桦宇．2013．公共财产权及其规制研究——以宪法语境下的分配正义为中心．上海政法学院学报，28（5）：1-8．

王万茂，臧俊梅．2006．试析农地发展权的归属问题．国土资源科技管理，23（3）：8-11．

王小映．2002．论我国农地制度的法制建设．中国农村经济，（2）：12-18．

王艳梅．2011．内蒙古生态移民的权益保障研究．沈阳：辽宁大学．

谢维光，陈雄．2008．我国生态补偿研究综述．安徽农业科学，36（14）：6018-6019．

徐键．2007a．城市规划中公共利益的内涵界定——一个城市规划案引出的思考．行政法学研究，1：68-73．

徐键．2007b．公共负担平等论说的新发展——开发利益的公共还原导论．社会科学研究，（5）：30-34．

徐绍史．2013．国务院关于生态补偿机制建设工作情况的报告——2013年4月23日在第十二届全国人民代表大会常务委员会第二次会议上．中华人民共和国全国人民代表大会常务委员会公报，（3）：466-473．

杨遴杰，林坚，李昕，等．2002．国外土地储备制度及借鉴．中国土地，（5）：36-39．

叶霞飞，蔡蔚．2002．城市轨道交通开发利益的计算方法．同济大学学报（自然科学版），1（1）：166-174．

英格沃·埃布森，喻文光．2012．德国《基本法》中的社会国家原则．法学家，（1）：166-174，180．

臧天宇．2016．税收增量融资：芝加哥的案例与启示．城市发展研究，23（9）：68-75．

张惠远，刘桂环．2006．我国流域生态补偿机制设计．环境保护，（10a）：49-54．

张娟锋，贾生华．2007．新加坡、中国香港城市土地价值获取机制分析与经验借鉴．现代城市研究，22（11）：80-87．

张俊．2005．英国的规划得益制度及其借鉴．城市规划，29（3）：49-54．

张俊．2007．城市土地增值收益分配问题研究．北京：地质出版社．

张俊. 2008. 美国土地价值捕获制度借鉴. 中国土地, (1): 58-62.

张千帆. 2005a. "公共利益" 是什么?——社会功利主义的定义及其宪法上的局限性. 法学论坛, 20 (1): 28-31.

张千帆. 2005b. "公正补偿" 与征收权的宪法限制. 法学研究, (2): 25-37.

张翔. 2012. 财产权的社会义务. 中国社会科学, (9): 100-119.

张占录. 2009. 征地补偿留用地模式探索——台湾市地重划与区段征收模式借鉴. 经济与管理研究, (9): 71-75.

赵宁. 2011. 农民对征地增值利益分享的法律制度研究. 重庆: 西南政法大学.

赵忠龙. 2014. 税收增额融资的美国经验与中国借鉴. 暨南学报 (哲学社会科学版), 36 (8): 38-46.

甄霖, 闵庆文, 李文华, 等. 2006. 海南省自然保护区生态补偿机制初探. 资源科学, 28 (6): 10-19.

郑美燕. 2010. 土地征收中增值收益分享法律问题研究. 重庆: 西南政法大学.

周诚. 2006. 我国农地转非自然增值分配的 "私公兼顾" 论. 中国发展观察, (9): 27-29.

周飞舟. 2007. 生财有道: 土地开发和转让中的政府和农民. 社会学研究, (1): 49-82.

周明祥, 田莉. 2008. 英美开发控制体系比较及对中国的启示. 上海城市规划, (6): 18-22.

周其仁. 2006. 大白菜涨价要不要归公? 经济研究信息, (2): 43-44.

周晓林, 罗文斌. 2009. 国外土地银行运作模式对我国农村改革的启示. 农村经济, (6): 127-129.

朱一中, 曹裕. 2012. 农地非农化过程中的土地增值收益分配研究——基于土地发展权的视角. 经济地理, 32 (10): 133-138.

朱英刚, 王吉献. 2008. 国外及台湾地区土地金融研究与借鉴. 农业发展与金融, (11): 37-42.

邹伟. 2009. 中国土地税费的资源配置效应与制度优化研究. 南京: 南京农业大学.

Allen B. 2000. Eco- labelling: legal, decent, honest and truthful? Green Chemistry, 2 (1): G19-G21.

Alston L J, Eggertsson T, North D C. 1996. Empirical Studies in Institutional Change. Cambridge: Cambridge University Press.

Alterman R. 2012. Land use regulations and property values: The "Windfalls Capture" idea revisited. Chapter//Brooks N, Donaghy K, JanKnaap G. The Oxford Handbook of Urban Economics and Planning. New York: Oxford University Press: 755-786.

Anselin L, Le Gallo J. 2006. Interpolation of air quality measures in hedonic house price models: spatial aspects. Spatial Economic Analysis, 1 (1): 31-52.

Anselin L, Lozano- Gracia N. 2009. Spatial hedonic models. Palgrave handbook of econometrics.

London：Palgrave Macmillan.

Anselin L. 2002. Under the hood：Issues in the specification and interpretation of spatial regression models. Agricultural Economics, 27 (3)：247-267.

Apell S. 2017. Book Review：Innovation in Public Transport Finance：Property Value Capture, SAGE Publications Sage CA：Los Angeles, CA.

Araral E. 2009. What explains collective action in the commons? Theory and evidence from the Philippines. World Development, 37 (3)：687-697.

Asami Y. 1985. A game-theoretic approach to the division of profits from economic land development. Regional Science and Urban Economics, 18 (2)：233-246.

Associated Press. 1985. Land sale tax urged to fund open spaces. Boston Globe：March 24.

Atmer T. 1987. Land banking in Stockholm. Habitat International , 11 (1)：47-55.

Baltagi B H, Bresson G. 2011. Maximum likelihood estimation and Lagrange multiplier tests for panel seemingly unrelated regressions with spatial lag and spatial errors：An application to hedonic housing prices in Paris. Journal of Urban Economics, 69 (1)：24-42.

Barker K. 2006. Barker review of land use planning：Final report, recommendations. London：The Stationery Office.

Barrese J T. 1983. Efficiency and equity considerations in the operation of transfer of development rights plans. Land Economics, 59 (2)：235-241.

Barzel Y. 1989. Economic Analysis of Property Rights. Cambridge：Cambridge University Press.

Batt H W. 2001. Value capture as a policy tool in transportation economics：an exploration in public finance in the tradition of Henry George. American Journal of Economics and Sociology, 60 (1)：195-228.

Bauman G, Ethier W H. 1987. Development exactions and impact fees：A survey of American practices. Land Use Law and Zoning Digest, 39 (7)：3-11.

Beetle L A. 2002. Are transferable development rights a viable solution to New Jersey's land use problems：an evaluation of TDR programs within the Garden State. Rutgers L J, 34：513.

Bird R M, Slack N E. 2004. International handbook of land and property taxation. Cheltenham：Edward Elgar Publishing.

Black H C, Garner B A, McDaniel B R, et al. 1999. Black's law dictionary, West Group St. Paul, MN.

Bonauto D K, Largo T W, Rosenman K D, et al. 2010. Proportion of workers who were work-injured and payment by workers' compensation systems-10 states, 2007. Morbidity and Mortality Weekly Report 59, (29)：897-900.

Booth A T, Choudhary R, Spiegelhalter D J. 2012. Handling uncertainty in housing stock models.

Building and Environment, 48: 35-47.

Booth P. 2003a. Promoting radical change: the loi relative ala solidarité et au renouvellement urbains in France. European Planning Studies, 11 (8): 949-963.

Booth P. 2003b. Planning by consent: the origins and nature of British development control. London: Routledge.

Borner J, Wunder S, Wertz- Kanounnikoff S, et al. 2010. Direct conservation payments in the Brazilian Amazon: Scope and equity implications. Ecological economics, 69 (6): 1272-1282.

Boucher S, Whatmore S. 1993. Green gains? Planning by agreement and nature conservation. Journal of Environmental Planning and Management, 36 (1): 33-49.

Bowers J. 1992. The economics of planning gain: a re-appraisal. Urban Studies, 29 (8): 1329-1339.

Bowman C, Ambrosini V. 2000. Value creation versus value capture: towards a coherent definition of value in strategy. British Journal of Management, 11 (1): 1-15.

Brasington D M. 2004. House prices and the structure of local government: an application of spatial statistics. The Journal of Real Estate Finance and Economics, 29 (2): 211-231.

Briffault R. 2010. The most popular tool: Tax increment financing and the political economy of local government. University of Cincinnati Law Review, 77: 65.

Bunnell G. 1995. Planning Gain in Theory and Practice—Negotiation of Agreements in Cambridgeshire. Progress in Planning, 1 (44): 1-101.

Burge G, Ihlanfeldt K. 2006. The effects of impact fees on multifamily housing construction. Journal of Regional Science, 46 (1): 5-23.

Böhringer C. 2003. The Kyoto protocol: a review and perspectives. Oxford Review of Economic Policy, 19 (3): 451-466.

Carruthers I D, Stoner R. 1981. Economic aspects and policy issues in groundwater development// World Bank Staff working paper No. 496. Washington, DC.

Casale A H. 2007. Reconstruction of the past in a 21st century landscape: Historic Preservation on the island of Nantucket, Massachusetts. Theses (Historic Preservation): 66.

Chatain O, Zemsky P. 2011. Value creation and value capture with frictions. Strategic Management Journal, 32 (11): 1206-1231.

Clark C. 1980. Restricted Access to Common-Property Fishery Resources: A Game-Theoretic Analysis. Boston: Springer: 117-132.

Clark C. 1990. Mathematical Bioeconomics. Hoboken: John Wiley & Sons.

Claydon J, Smith B. 1997. Negotiating planning gains through the British development control system. Urban Studies, 34 (12): 2003-2022.

Coase R H. 1937. The nature of the firm. Economica, 4 (16): 386-405.

Coase R H. 1988. The nature of the firm: Origin. Journal of law, economics, & organization, 4 (1): 3-17.

Connellan O. 2002. Land Assembly for Development-The Role of Land Pooling, Land Readjustment and Land Consolidation. FIG XXII International Congress, Washington, DC, April.

Conrad J M, LeBlanc D. 1979. The supply of development rights: results from a survey in Hadley, Massachusetts. Land Economics, 55 (2): 269-276.

Corbera E, Kosoy N, Tuna M M. 2007. Equity implications of marketing ecosystem services in protected areas and rural communities: Case studies from Meso-America. Global Environmental Change, 17 (3-4): 365-380.

Corcuera E, Sepúlveda C, Geisse G. 2012. Conserving land privately: Spontaneous markets for land conservation in Chile//Selling Forest Environmental Services: 140-162.

Costonis J J. 1973. Development rights transfer: An exploratory essay. The Yale Law Journal, 83 (1): 75-128.

Council S B. 2011. Do I need planning permission? Work, 117 (922): 3000.

Cox A W. 1981. Adversary politics and land policy: explaining and analysing British land values policy making since 1947. Political Studies, 29 (1): 16-34.

Crook A, Monk S, Rowley S, et al. 2006. Planning gain and the supply of new affordable housing in England: Understanding the numbers. Town Planning Review, 77 (3): 353-373.

Crook T, Monk S. 2011. Planning gains, providing homes. Housing Studies, 26 (7-8): 997-1018.

Cullingworth J B, Nadin V. 2002. Town and Country Planning in the UK. London: Psychology Press.

Dahlman C J. 1979. The problem of externality. The Journal of Law and Economics, 22 (1): 141-162.

Dale J H. 1968. Pollution, Property, and Prices: An Essay in Policy-Making. Toronto: University of Toronto Press.

Daniels T L. 1991. The purchase of development rights: preserving agricultural land and open space. Journal of the American Planning Association, 57 (4): 421-431.

Dasgupta P S, Heal G M. 1979. Economic Theory and Exhaustible Resources. Cambridge: Cambridge University Press.

Dawes R M. 1973. The commons dilemma game: An n-person mixed-motive game with a dominating strategy for defection. ORI Research Bulletin, 13 (2): 1-12.

Day J C. 2002. Zoning—lessons from the Great Barrier Reef marine park. Ocean & coastal management, 45 (2-3): 139-156.

de Cesare C M. 1998. Using the property tax for value capture: a case study from Brazil. Lincoln Land Lines, 10 (1): 5-6.

Demsetz H. 1974. Toward a theory of property rights. Classic Papers in Natural Resource Economics. Springer: 163-177.

Diehl J, Barrett T S. 1988. The conservation easement handbook: managing land conservation and historic preservation easement programs. Washington: Land Trust Alliance.

Ding C, Zhao X. 2014. Land market, land development and urban spatial structure in Beijing. Land Use Policy, 40: 83-90.

Doebele W A. 1982. Land readjustment: A different approach to finance urbanization. Lexington: Lexington Books.

Dubin R A. 1998. Spatial autocorrelation: a primer. Journal of Housing Economics, 7 (4): 304-327.

Eagles P F, McCool S F, Haynes C D. 2002. Sustainable tourism in protected areas: Guidelines for planning and management (No. 8). Cambridge: IUCN Publications Services Unit.

Eagles P F. 2014. Research priorities in park tourism. Journal of Sustainable Tourism, 22 (4): 528-549.

Ehrenfeld D W. 1972. Conserving life on earth. Quarterly Review of Biology, 62 (2): 671.

Ellickson R C. 2012. The costs of complex land titles: two examples from China. Brigham-Kanner Prop, 1: 281.

Epler B. 2007. Tourism, the economy, population growth, and conservation in Galapagos. Charles Darwin Foundation: 55.

Evans A W. 2008. Economics, Real Estate and The Supply of Land. Hoboken: John Wiley & Sons.

Field B C, Conrad J M. 1975. Economic issues in programs of transferable development rights. Land Economics, 51 (4): 331-340.

Frankel J. 1999. Past, Present, and Future Constitutional Challenges to Transferable Development Rights. Washington Law Review, 74: 825.

Galla A. 2012. World Heritage: benefits beyond borders. Cambridge: Cambridge University Press.

Garza N. 2017. Spatial and Dynamic Features of Land Value Capture: A Case Study from Bogotá, Colombia. Public Finance Review: 1091142117714551.

Geneletti D, van Duren I. 2008. Protected area zoning for conservation and use: A combination of spatial multicriteria and multiobjective evaluation. Landscape and urban planning, 85 (2): 97-110.

Geneletti D. 2008. Incorporating biodiversity as sets in spatial planning: Methodological proposal and development of a planning support system. Landscape and urban planning, 84 (3-4): 252-265.

Godwin R K, Shepard W B. 1978. Population issues and commons dilemmas. Policy Studies Journal, 6 (3): 231-238.

Goldberg M A, Horwood P J, Block W. 1980. Zoning: Its costs and relevance for the 1980s (No. 6). Vancouver: Fraser Institute.

Goodstein C. 2007. Smart voyager: protecting the Galapagos Islands//Black R, Crabtree A. Quality Assurance and Certification in Ecotourism. Wallingford: CAB International: 65-80.

Grant M. 1999. Compensation and betterment. British Planning, 50: 62-76.

Grossman S J, Hart O D. 1999. Takeover bids, the free- rider problem, and the theory of the corporation. The Bell Journal of Economics, 11 (1): 42-64.

Guerrieri V, Hartley D, Hurst E. 2013. Endogenous gentrification and housing price dynamics. Journal of Public Economics, 100: 45-60.

Gunton T I, Day J C. 2003. The theory and practice of collaborative planning in resource and environmental management. Environments, 31 (2): 5-20.

Gyourko J. 1991. Impact fees, exclusionary zoning, and the density of new development. Journal of Urban Economics, 30 (2): 242-256.

GökirmakliÇ, Bayram M, Tigan E. 2017. Behaviours of Consumers on EU Eco- Label: a Case Study for Romanian Consumers. Bulgarian Journal of Agricultural Science, 23 (3): 512-517.

Hanly-Forde J, Homsy G, Lieberknecht K, et al. 2006. Transfer of development rights programs: using the market for compensation and preservation. cms. mildredwarner. org/gov- restructuring/ privatization/tdr [2022-01-23].

Hardin G. 2009. The tragedy of the commons. Journal of Natural Resources Policy Research, 1 (3): 243-253.

Hayashi K. 2002. Land readjustment as a crucial tool for urban development. Cambridge: Land Read-justment Workshop.

Healey P, Purdue M, et al. 1996. Negotiating development: planning gain and mitigating impacts. Journal of Property Research, 13 (2): 143-160.

Heilbroner R L. 1991. An inquiry into the human prospect: Looked at again for the 1990s. New York: WW Norton & Company.

Heintzelman M D, Altieri J A. 2013. Historic preservation: Preserving value? The Journal of Real Estate Finance and Economics, 46 (3): 543-563.

Hendricks A, Kalbro T, Liorente M, et al. 2017. Public Value Capture of Increasing Property Values- What are "Unearned Increments"? //Hepperle E, Dixon- Gough R, Mansberger R, et al. Land Ownership and Land Use Development: he Integration of Past, Present, and Future in Spatial Planning and Land Management Policies. Zurich: vdf Hochschulverlag AG: 257.

Hickmann T, Widerberg O, Lederer M, et al. 2021. The United Nations Framework Convention on Climate Change Secretariat as an orchestrator in global climate policy making. International Review of Administrative Sciences, 87 (1): 21-38.

Hirt S. 2007. The devil is in the definitions: Contrasting American and German approaches to zoning. Journal of the American Planning Association, 73 (4): 436-450.

Hobbs J E. 1996. A transaction cost approach to supply chain management. Supply Chain Management: An International Journal, 1 (2): 15-27.

Hodel D R. 2002. In search of a sustainable palm market in North America. Montreal: Commission for Environmental Cooperation.

Home R. 2007. Land readjustment as a method of development land assembly: A comparative overview. Town Planning Review, 78 (4): 459-483.

Hong Y, Lam A H. 1998. Opportunities and Risks of Capturing Land Values under Hong Kong's Leasehold System. Cambridge: Lincoln Institute of Land Policy.

Hong Y. 1998. Transaction costs of allocating increased land value under public leasehold systems: Hong Kong. Urban Studies, 35 (9): 1577-1595.

Hong Y. 2003. Policy dilemma of capturing land value under the Hong Kong public leasehold system. Leasing Public Land: Policy Debates And International Experiences, 7: 151-178.

Hu S, Yang S, Li W, et al. 2016. Spatially non-stationary relationships between urban residential land price and impact factors in Wuhan city, China. Applied Geography, 68: 48-56.

Hui E, Ho V, Ho D, et al. 2004. Land value capture mechanisms in Hong Kong and Singapore: A comparative analysis. Journal of Property Investment & Finance, 22 (1): 76-100.

Ingram G K, Hong Y. 2012. Value Capture and Land Policies. Cambridge: Lincoln Institute of Land Policy.

IUCN. 2013. World Heritage Advice Note: Environmental Assessment. Gland: IUCN. https://www.iucn.org/sites/dev/files/import/downloads/iucn_advice_note_environmental_assessment_18_11_13_iucn_template.pdf [2022-03-02].

Jacobs S. 1998. Past wrongs and gender rights: issues and conflicts in South Africa's land reform. The European Journal of Development Research, 10 (2): 70-87.

Jang H, Mennis J. 2021. The Role of Local Communities and Well-Being in UNESCO World Heritage Site Conservation: An Analysis of the Operational Guidelines, 1994-2019. Sustainability, 13 (13): 7144.

Johnson O E. 1972. Economic analysis, the legal framework and land tenure systems. The Journal of Law and Economics, 15 (1): 259-276.

Jones S. 2005. Community-based ecotourism: The significance of social capital. Annals of tourism research, 32 (2): 303-324.

Jílková J, Holländer R, Kochmann L, et al. 2010. Economic Valuation of Environmental Resources and its Use in Local Policy Decision-Making: A Comparative Czech-German Border Study. Journal of Comparative Policy Analysis, 12（3）：299-309.

Kaplowitz M D, Machemer P, Pruetz R. 2008. Planners' experiences in managing growth using transferable development rights（TDR）in the United States. Land Use Policy, 25（3）：378-387.

Kendall D T, Ryan J E. 1995. "Paying" for the Change: Using Eminent Domain to Secure Exactions and Sidestep Nollan and Dolan. Virginia Law Review, 81：1801-1879.

Kerr J. 2002. Watershed development, environmental services, and poverty alleviation in India. World development, 30（8）：1387-1400.

Kim C W, Phipps T T, Anselin L. 2003. Measuring the benefits of air quality improvement: a spatial hedonic approach. Journal of Environmental Economics and Management, 45（1）：24-39.

Kivleniece I, Quelin B V. 2012. Creating and capturing value in public-private ties: A private actor's perspective. Academy of Management Review, 37（2）：272-299.

Klein B. 1980. Transaction cost determinants of "unfair" contractual arrangements. The American Economic Review, 70（2）：356-362.

Kleyn D G, Viljoen F. 2010. Beginner's guide for law students. Cape Town: Juta and Company Ltd.

Kosoy N, Corbera E. 2010. Payments for ecosystem services as commodity fetishism. Ecological economics, 69（6）：1228-1236.

Kosoy N, Martinez-Tuna M, Muradian R, et al. 2007. Payments for environmental services in watersheds: Insights from a comparative study of three cases in Central America. Ecological economics, 61（2-3）：446-455.

Kruse M. 2008. Constructing the Special Theater Subdistrict: Culture, Politics, and Economics in the Creation of transferable development rights. Urb. Law, 40：95.

Lam A H, Tsui S W. 1998. Policies and Mechanisms on Land Value Capture: Taiwan Case Study. Cambridge: Lincoln Institute of Land Policy.

Lefebvre H, Nicholson-Smith D. 1991. The Production of Space. Oxford: Blackwell.

Lepak D P, Smith K G, Taylor M S, et al. 2007. Value creation and value capture: a multilevel per-spective. Academy of Management Review, 32（1）：180-194.

LeSage J P, Pace R K. 2010. Spatial econometrics. Book Chapters, 1（1）：245-260.

LeSage J. 2014. What regional scientists need to know about spatial econometrics. Review of Regional Studies, 44（1）：13-32.

Li L, Lei Y, Zhu H, et al. 2015. Explorative analysis of Wuhan intra-urban human mobility using social media check-in data. PloS One, 10（8）：e0135286.

Lichfield N, Connellan O. 1997. Land value taxation in Britain for the benefit of the community: History, achievements and prospects. Cambridge: Lincolon Institute of Land Policy.

Lin G C. 2009. Scaling-up regional development in globalizing China: local capital accumulation, land-centred politics, and reproduction of space. Regional Studies, 43 (3): 429-447.

Loh C. 2010. Underground Front: The Chinese Communist Party in Hong Kong. Hong Kong: Hong Kong University Press.

Loughlin M. 1981. Planning Gain: Law, Policy, and Practice. Oxford J. Legal Stud. , 1: 61.

Marcus N. 1981. Comparative Look at TDR, Subdivision Exactions, and Zoning as Environmental Preservation Panaceas: The Search for Dr. Jekyll without Mr. Hyde, A. Urb. L. Ann. , 20: 3.

Mathur S, Waddell P, Blanco H, et al. 2004. The effect of impact fees on the price of new single-family housing. Urban Studies, 41 (7): 1303-1312.

McConnell V, Kopits E, Margaret W. 2005a. Farmland preservation and residential density: can development rights markets affect land use? Agricultural and Resource Economics Review, 34 (2): 131-144.

McConnell V, Walls M, Kopits E, et al. 2005b. Zoning, TDRs, and the density of development. Journal of Urban Economics, 59 (3): 440-457.

McIntosh J R. 2017. Framework for land value capture from investments in transit in car-dependent cities. Journal of Transport and Land Use, 10 (1): 155-185.

Meskell L. 2013. UNESCO's World Heritage Convention at 40: Challenging the economic and political order of international heritage conservation. Current anthropology, 54 (4): 483-494.

Milgrom P, Roberts J. 1990. Bargaining costs, influence costs, and the organization of economic activity. Perspectives on Positive Political Economy, 57: 60.

Mohamed R. 2006. The economics of conservation subdivisions: Price premiums, improvement costs, and absorption rates. Urban Affairs Review, 41: 376-399.

Mullen C. 2007. National Impact Fee Survey 2007. Austin: Duncan Associates.

Muñoz-Gielen D. 2014. Urban governance, property rights, land readjustment and public value capturing. European Urban and Regional Studies, 21 (1): 60-78.

Nasi R, Wunder S, Campos J J. 2002. Forest ecosystem services: can they pay our way out of deforestation? Forestry Roundtable, Center for International Forestry Research (CIFOR), Costa Rica.

Nelson A C, Pruetz R, Woodruff D. 2013. The TDR Handbook: Designing and Implementing Transfer of Development Rights Programs. Washington: Island Press.

Newell P. 2012. The political economy of carbon markets: The CDM and other stories. Climate Policy, 12 (1): 135-139.

Nicholas J C. 1992. On the progression of impact fees. Journal of the American Planning Association, 58 (4): 517-524.

Nickerson C J, Lynch L. 2001. The effect of farmland preservation programs on farmland prices.

American Journal of Agricultural Economics, 83 (2): 341-351.

North D C. 1990. A transaction cost theory of politics. Journal of theoretical politics, 2 (4): 355-367.

Olson M. 1965. Logic of Collective Action: Public Goods and the Theory of Groups (Harvard Economic Studies. v. 124). Cambridge: Harvard University Press.

Ophuls W. 1973. Leviathan or oblivion. Toward A Steady State Economy, 214: 219.

Orlans H. 2013. Stevenage: a sociological study of a new town. London: Routledge.

Ostrom E, Gardner R. 1993. Coping with asymmetries in the commons: self-governing irrigation systems can work. The Journal of Economic Perspectives, 7 (4): 93-112.

Ostrom E. 1999. Coping with tragedies of the commons. Annual Review of Political Science, 2 (1): 493-535.

Ostrom E. 2007. A diagnostic approach for going beyond panaceas. Proceedings of the national Academy of Sciences, 104 (39): 15181-15187.

Ostrom E. 2015. Governing the Commons. Cambridge: Cambridge University Press.

Ouyang Z, Zheng H, Yang X, et al. 2016. Improvements in ecosystem services from investments in natural capital. Science, 352 (6292): 1455-1459.

Pace R K, Barry R, Gilley O W, et al. 2000. A method for spatial-temporal forecasting with an application to real estate prices. International Journal of Forecasting, 16 (2): 229-246.

Pagiola S. 2002. Paying for water services in Central America: learning from Costa Rica//Bishop J, Pagiola S. Selling forest environmental services: Market-based mechanisms for conservation and development. Abingdon: Taylor and Francis: 37-62.

Parks Canada. 2013. Cultural resource management policy. https://www.pc.gc.ca/en/docs/pc/poli/grc-crm/ [2022-03-02].

Perlman D L, Milder J C. 2005. Practical Ecology for Planners, Developers, and Citizens. Washington: Island Press.

Peterson G E. 2009. Unlocking Land Values to Finance Urban Infrastructure. Washington: World Bank Publications.

Plantinga A J, Lubowski R N, Stavins R N, et al. 2002. The effects of potential land development on agricultural land prices. Journal of Urban Economics, 52 (3): 561-581.

Pliscoff P, Fuentes T. 2008. Análisis de representatividad ecosistémica de las áreas protegidas públicasy privadas en Chile. Informe final, GEF, CONAMA-PNUD, Santiago de Chile.

Prell C, Feng K. 2016. The evolution of global trade and impacts on countries' carbon trade imbalances. Social Networks, 46: 87-100.

Prior K. 2010. Extirpations from parks: scaling conservation planning to fit the problem. Conservation

Biology, 24 (3): 646-648.

Pruetz R. 2003. Beyond Takings and Givings. Sundsvall: Arje Press.

Rector J L. 2019. The history of Chile. Santa Barbara: ABC-CLIO.

Richards D A. 1972. Development Rights Transfer In New-York-City, Yale Law J Co Inc 401-A Yale Station, New Haven, CT 06520. 82: 338-372.

Rielly M R. 2000. Evaluating Farmland Preservation through Suffolk County, New York's Purchase of Development Rights Program. Pace Environmental Law Review, 18: 197.

Rodwell D. 2012. The UNESCO world heritage convention, 1972-2012: reflections and directions. The historic environment: policy and practice, 3 (1): 64-85.

Rybeck R. 2004. Using value capture to finance infrastructure and encourage compact development. Public Works Management and Policy, 8 (4): 249-260.

Saxer S R. 2000. Planning Gain, Exactions, and Impact Fees: A Comparative Study of Planning Law in England, Wales, and the United States. The Urban Lawyer, 32: 21-71.

Schlager E, Ostrom E. 1999. Property rights regimes and coastal fisheries: an empirical analysis. Polycentric Governance and Development: Readings from the Workshop in Political Theory and Policy Analysis, Ann Arbor: University of Michigan Press.

Searle D. 2000. Assessing adaptive capacity in the coastal zone: a case study of the St. Croix Estuary Project. Climate Change Communication Conference, Kitchener-Waterloo, Canada, 22-24 Jun 2000.

Shimizu C, Karato K, Nishimura K. 2014. Nonlinearity of housing price structure. International Journal of Housing Markets and Analysis, 7 (4): 459-488.

Sinn H. 1984. Common property resources, storage facilities and ownership structures: a Cournot model of the oil market. Economica, 51 (203): 235-252.

Small L E, Derr D A. 1980. Transfer of development rights: A market analysis. American Journal of Agricultural Economics, 62 (1): 130-135.

Smolka M, Amborski D. 2000. Apropiación de valor para el desarrollo urbano: una comparación Inter-Americana. Cambridge: Lincoln Institute of Land Policy.

Sommerville M, Jones J P, Rahajaharison M, et al. 2010. The role of fairness and benefit distribution-incommunity-basedPayment for Environmental Services interventions: A case study from Menabe, Madagascar. Ecological Economics, 69 (6): 1262-1271.

Tavares A F. 2005. Can the market be used to preserve land? The case for transfer of development rights. ERSA conference papers. European Regional Science Association.

Thorsnes P, Simons G P. 1999. Letting the market preserve land: the case for a market-driven transfer of development rights program. Contemporary Economic Policy, 17 (2): 256-266.

Ting L I. 2008. Appraisal on EU ECO Label System and its Enlightenments to China. Humanities & Social Sciences Journal of Hainan University, 5: 507-511.

UNESCO. 2015. Policy Document for the Integrationof a Sustainable Development Perspective into the Processes of the World Heritage Convention. Paris: UNESCO.

UNESCO. 2017. Operational Guidelines for the Implementation of the World Heritage Convention. http: //whc. unesco. org/en/guidelines/ [2022-01-23].

Valenca M M, 曹丹仪. 2016. 香港和英国的社会租赁住房: 新自由主义政策的分歧还是正在形成中的市场? 城市规划学刊, (1): 122-123.

VanDijk T, Kopeva D. 2006. Land banking and Central Europe: future relevance, current initiatives, Western European past experience. Land Use Policy, 23 (3): 286-301.

Varughese G, Ostrom E. 2001. The contested role of heterogeneity in collective action: some evidence from community forestry in Nepal. World Development, 29 (5): 747-765.

Villarroya A, Persson J. 2014. Ecological compensation: From general guidance and expertise to specific proposals for road developments. Environmental Impact Assessment Review, 45: 54-62.

Walls M A, McConnell V D. 2007. Transfer of development rights in US communities: evaluating program design, implementation, and outcomes. Washington: Resources for the Future.

Walsh S J, Mena C F. 2016. Interactions of social, terrestrial, and marine sub- systems in the Galapagos Islands, Ecuador. Proceedings of the National Academy of Sciences, 113 (51): 14536-14543.

Wang J, Chen Y, Shao X, et al. 2012. Land- use changes and policy dimension driving forces in China: Present, trend and future. Land Use Policy, 29 (4): 737-749.

Webster C J, Lai L W. 2003. Property rights, planning and markets: Managing spontaneous cities. Cheltenham: Edward Elgar Publishing.

Webster C J. 1998. Public choice, Pigouvian and Coasian planning theory. Urban Studies, 35 (1): 53-75.

Wegner J W. 1986. Moving Toward the Bargaining Table: Contract Zoning, Development Agreements, and the Theoretical Foundations of Government Land Use Deals. North Carolina Law Review, 65: 957.

Williamson O E. 1979. Transaction- cost economics: the governance of contractual relations. The Journal of Law and Economics, 22 (2): 233-261.

Williamson O E. 1985. Reflections on the new institutional economics. Zeitschrift für die gesamte Staatswissenschaft/Journal of Institutional and Theoretical Economics, (H. 1): 187-195.

Williamson O E. 1989. Transaction cost economics. Handbook of Industrial Organization, 1: 135-182.

Williamson O E. 2007. The economic institutions of capitalism. Firms, markets, relational contracting// Boersch C, Elschen R. Das Summa Summarumdes Management: Die 25 wichtigsten Werke für Strategie, Führung und Veränderung. Wiesbaden: Gabler.

Wilsey D S, Radachowsky J. 2007. Keeping NTFPs in the Forest: Can certification provide an alternative to intensive cultivation? Ethnobotany Research and Applications, 5: 045-058.

Wilsey D S. 2008. Nontimber Forest Product Certification Considered: The Case of Chamaedorea Palm Fronds (Xate) . Gainesville: University of Florida.

Wiltshaw D G. 1984. Planning gain: a theoretical note. Urban Studies, 21 (2): 183-187.

Wolf-Powers L. 2005. Up-zoning New York City's mixed-use neighborhoods: property-led economic development and the anatomy of a planning dilemma. Journal of Planning Education and Research, 24 (4): 379-393.

Wright P, Rollins R. 2009. Managing the national parks. Parks and protected areas in Canada: Planning and management, 237-271.

Wu C, Ye X, Fu R, et al. 2016. Spatial and social media data analytics of housing prices in Shenzhen, China. PloS One, 11 (10): e0164553.

Wunder S, Engel S, Pagiola S. 2008. Taking stock: A comparative analysis of payments for environmental services programs in developed and developing countries. Ecological Economics, 65 (4): 834-852.

Wunder S. 2007. The efficiency of payments for environmental services in tropical conservation. Conservation Biology, 21 (1): 48-58.

Wunscher T, Engel S, Wunder S. 2008. Spatial targeting of payments for environmental services: a tool for boosting conservation benefits. Ecological Economics, 65 (4): 822-833.

Yang H. 1982. Classical Gardens of China: History and Design Techniques; 1st edition. New York: Van Nostrand Reinhold Company.

Yao L, Ma R, Liao Z, et al. 2016. Optimization and simulation of tourist shunt scheme: A case of Jiuzhai Valley. Chaos, Solitons and Fractals, 89: 455-464.

Zbinden S, Lee D R. 2005. Paying for environmental services: analysis of participation in Costa Rica's PSA program. World Development, 33 (2): 255-272.

Zhang C, Fyall A, Zheng Y. 2015. Heritage and tourism conflict within world heritage sites in China: A longitudinal study. Current Issues in Tourism, 18 (2): 110-136.

Zhang X. 2006. Fiscal decentralization and political centralization in China: Implications for growth and inequality. Journal of Comparative Economics, 34 (4): 713-726.

附　　录

附录 A　土地税的国际比较

　　土地税通常被认为是最适合为当地政府基础设施投资和当地服务提供资金的价值捕获方式，因为其固定、强制、稳定且易于执行。土地税一般按开征环节可以分为土地取得税、土地保有税和土地转让税三方面：第一，土地取得税是对个人或法人在取得土地时所课征的税，按照取得方式的不同，主要分为因接受赠予或继承财产等无偿转移取得土地时的课税和因购买、交换等有偿转移取得土地时的课税两种。各国对有偿转移取得土地时的课税税种设置主要包括登记许可证税、不动产取得税和印花税。第二，土地保有税是在土地保有环节对个人或法人所拥有的土地资源课征的税，主要有两种，即单独设置土地保有税或将其合并在其他财产税中征收。一般单独设置土地保有税的国家大都是土地资源丰富的国家，如巴西、印度和新西兰等。在不单独征收土地保有税的国家中，合并征收的税种主要有财产税、不动产税、房地产税、财产净值税等。第三，土地转让税是在土地所有权或使用权转让时的一次性课征，但具体的课征方法各国间差异很大，有些是国家对土地有偿转让时的收益课征，有些则是对投机性土地交易课征，非投机性土地交易原则上不课征。为有效地防止土地投机，日、法、韩等国对短期的土地转让还实行重税或追加特别税。目前，多数国家和地区将土地转让产生的收益以及定期增值的收入归并到一般财产收益中，统一以所得税的形式课税。

　　每个国家都有一定的土地税（Bird and Slack，2004），表 A.1 是

25 个国家和地区的主要土地相关税，包括征收土地税的税基选择、税率评价标准以及土地税占地方财政的比例。在大多数国家，不动产税是对在土地及其附属物（包括建筑物、灌溉系统等）的统一征税，只有少数地区仅征收土地税（如肯尼亚），而坦桑尼亚只对建筑物征税。原则上，土地税仅对租金征税，而对土地（如建筑物）的改善没有征税，所以业主有动力将土地发展到最大程度。

表 A.1　世界各国土地相关税比较

组织或地区	国家	比例	课税对象	评估基础
经济合作与发展组织	澳大利亚	37.7%	土地或土地和构筑物	市场价值或租赁价值
	加拿大	53.3%	土地和构筑物（有时包括机械）	市场价值
	德国	15.5%	土地和构筑物；农场的机械和牲畜	市场市值（租金收入/建筑费用）
	日本	25.5%	土地，建筑物和有形的商业资产	市场价值
	英国	33%	土地和构筑物	住宅市场价值；租金价值
中欧和东欧	匈牙利	13.6%		面积或调整的市场价值
	拉脱维亚	18.2%	土地和建筑物	市场价值
	波兰	9.7%	土地，建筑物和结构	面积
	俄罗斯	7%	土地，建筑物、企业资产	面积；建筑的库存价值
	乌克兰	9.3%	土地	面积
拉丁美洲	阿根廷	35%	土地和建筑物	市场价值
	智利	35.1%	土地和构筑物	面积；建筑物的建筑价值
	哥伦比亚	35%	土地和建筑物	市场价值
	墨西哥	58.7%	土地和建筑物	市场价值
	尼加拉瓜	6.4%	土地和建筑物	地籍价值
亚洲	中国	4.9%	土地和构筑物	面积；市场价值或租金价值
	印度	7.0%~41.0%	土地和构筑物	大多是年租金价值
	印度尼西亚	10.7%	土地和建筑物	市场价值
	菲律宾	13.4%	土地，建筑物和机械	市场价值
	泰国	1.4%	土地和建筑物或土地	租金价值；市场价值

组织或地区	国家	比例	课税对象	评估基础
非洲	几内亚	32%	土地和建筑物	租金价值
	肯尼亚	15%	土地	面积；市场价值
	南非	21%	土地和/或构筑物	市场价值
	坦桑尼亚	4%	建筑物	市场价值
	突尼斯	32.4%	土地和建筑物	面积；租金价值

附录 B　生态补偿有关政策文件索引

表 B.1　林地有关的生态补偿政策文件

指标	文件名称	文件号	机构	索引
森林生态效益补偿 L1	《中央森林生态效益补偿基金管理办法》	财农〔2004〕169 号	财政部、国家林业局	L-1-2004
	《中央财政森林生态效益补偿基金管理办法》	财农〔2007〕7 号		L-1-2007
		财农〔2009〕381 号		L-1-2009
	《中央财政林业补助资金管理办法》	财农〔2014〕9 号		L-1-2014
天然林保护工程财政专项资金 L2	《天然林保护工程财政资金管理规定》	财农〔2000〕151 号	财政部	L-2-2000
		财农〔2006〕223 号		L-2-2006
	《天然林资源保护工程财政专项资金管理办法》	财农〔2011〕138 号		L-2-2011
造林补贴 L3	《关于开展 2012 年造林补贴试点工作的意见》	财农〔2012〕59 号	财政部、国家林业局	L-3-2012

指标	文件名称	文件号	机构	索引
退耕还林补偿 L4	《国务院关于进一步做好退耕还林还草试点工作的若干意见》	国发〔2000〕24 号	国务院	L-4-2000
	《国务院关于进一步完善退耕还林政策措施的若干意见》	国发〔2002〕10 号		L-4-2002
	《退耕还林条例》	国务院令第 367 号发布		L-4-2002
	《国务院关于完善退耕还林政策的通知》	国发〔2007〕25 号		L-4-2007
森林抚育补贴 L5	《森林抚育补贴试点资金管理暂行办法》	财农〔2010〕546 号	财政部、国家林业局	L-5-2010
	《国家林业局关于切实加强天保工程区森林抚育工作的指导意见》	林天发〔2013〕6 号	国家林业局	L-5-2013

表 B.2　草地有关的生态补偿政策文件

指标	文件名称	文件号	机构	索引
草原生态保护补助奖励资金 G1	《国务院常务会决定建立草原生态保护补助奖励机制》	—	国务院	G-1-2011-1
	《中央财政草原生态保护补助奖励资金管理暂行办法》	财农〔2011〕532 号	财政部、农业部	G-1-2011-2
	《农业部办公厅、财政部办公厅关于印发新一轮草原生态保护补助奖励政策实施指导意见（2016—2020年)》	农办财〔2016〕10 号		G-1-2016
退牧还草工程 G2	《关于下达 2003 年退牧还草任务的通知》	国西办农〔2003〕8 号	国务院西部地区开发领导小组办公室、国家计划委员会、农业部、财政部、国家粮食局	G-2-2003
	《关于进一步完善退牧还草政策措施若干意见的通知》	国西办农〔2005〕15 号		G-2-2005
	《关于完善退牧还草政策的意见》	发改西部〔2011〕1856 号		G-2-2011

表 B.3 水域有关的生态补偿政策文件

指标	文件名称	文件号	机构	索引
水源地生态补偿 W1	《江西省人民代表大会常务委员会关于加强东江源区生态环境保护和建设的决定》	—	江西省人民代表大会	W-1-2003
	《江西省人民政府关于加强"五河一湖"及东江源头环境保护的若干意见》	赣府发〔2009〕11号	江西省人民政府	W-1-2009
	《南水北调黄河以南段及省辖淮河流域生态补偿试点资金管理办法》	鲁财建〔2007〕33号	山东省财政厅	W-1-2007
	《上海市饮用水水源保护条例》	沪府发〔2010〕1号	上海市人民政府	W-1-2010-1
	《福建省闽江、九龙江流域水环境保护专项资金管理办法》	闽财建〔2007〕41号	福建省龙岩市财政局	W-1-2010-2
	《浙江省饮用水水源保护条例》	浙人常〔2011〕73号	浙江省人民政府	W-1-2011
	《进一步加强密云水库水源保护工作的意见》	京政办发〔2014〕37号	北京市人民政府	W-1-2014
流域生态补偿 G2	《河南省人民政府办公厅关于印发河南省水环境生态补偿暂行办法的通知》	豫政办〔2010〕9号	河南省人民政府	W-2-2010-1
	《平顶山市人民政府关于对白龟湖上游入湖4条河流实施生态补偿的通知》	平政〔2012〕74号	平顶山人民政府	W-2-2012
	《许昌市人民政府办公室关于印发许昌市水环境生态补偿暂行办法的通知》	许政办〔2010〕66号	许昌人民政府	W-2-2010-2
	《鹤壁市人民政府办公室关于印发鹤壁市水环境生态补偿暂行办法的通知》	鹤政办〔2010〕45号	鹤壁市人民政府	W-2-2010-3
	《安阳市人民政府办公室关于印发安阳市水环境生态补偿暂行办法的通知》	安政办〔2010〕88号	安阳市人民政府	W-2-2010-3
	《洛阳市人民政府办公室关于印发洛阳市水生态补偿暂行办法通知》	洛政〔2010〕33号	洛阳市人民政府	W-2-2010-4
	《周口市人民政府办公室关于印发周口市水环境生态补偿暂行办法的通知》	周政办〔2010〕73号	周口市人民政府	W-2-2010-5

表 B.4　其他水域有关的生态补偿政策文件

指标	文件名称	文件号	机构	索引
水土流失综合整治 S1	《国家发展改革委、水利部关于开展坡耕地水土流失综合治理试点工作的通知》	发改农经〔2010〕655 号	国家发展和改革委员会、水利部	S-1-2010
生态脆弱河流综合治理 S2	《河南省人民政府办公厅关于印发河南省水环境生态补偿暂行办法的通知》	豫政办〔2010〕9 号	河南省人民政府	S-2-2010-1

表 B.5　青海三江源有关生态补偿政策文件

文件名称	时间	索引
《关于请尽快考虑建立青海三江源自然保护区的函》	2000	SJY-1
《青海三江源自然保护区生态保护和建设总体规划》	2005	SJY-2
《关于支持青海等省藏区经济社会发展的若干意见》	2008	SJY-3
《关于探索建立三江源生态补偿机制的若干意见》	2010	SJY-4
《关于印发完善退牧还草政策的意见的通知》	2011	SJY-5
《青海三江源国家生态保护综合试验区总体方案》	2011	SJY-6
《青海三江源生态保护和建设二期工程规划》	2013	SJY-7
《长江上游、黄河上中游地区天然林资源保护工程二期实施方案》	2011	SJY-8
《青海湖流域生态环境保护与综合治理工程生态监测体系建设项目》	2008	SJY-9
《国家级自然保护区规范化建设和管理导则》（试行）	2009	SJY-10
《三江源地区"1+9+3"教育经费保障补偿机制实施办法》	2011	SJY-11
《青海省农村牧区新型合作医疗管理办法（试行）》	2004	SJY-12

附录 C　主要访谈人员一览表

表 C.1　主要访谈人员信息

编号	时间/(年.月)	地点	单位	被访谈人	概况
101	2015.7	北京	中国城市规划设计研究院	所长	国家公园试点建设近况
102	2015.7	北京	中国城市规划设计研究院	项目负责人	国家公园试点建设近况
103	2016.3	北京	北京大学	教师	保护地体系建设近况
104	2016.4	北京	北京林业大学	教师	中国生态补偿政策进展
201	2017.10	上海	同济大学	教师	保护地体系建设近况
202	2017.10	上海	上海市社会科学院	研究员	国内外融资政策工具
301	2016.7	青海	三江源国家公园管理局	副局长	三江源国家公园建设情况
302	2016.7	青海	三江源国家公园管理局	职员	三江源国家公园建设情况
401	2018.1	浙江	浙江大学	教师	西湖文化景观及周边土地利用、房地产开发情况
402	2018.1	浙江	浙江大学	教师	西湖文化景观及周边土地利用、房地产开发情况
501	2016.8	四川	九寨沟管理局	副局长	九寨沟风景名胜区管理体制变迁
502	2016.8	四川	九寨沟管理局	科研处处长	九寨沟风景名胜区管理体制变迁
503	2016.8	四川	九寨沟管理局	社区办公室主任	九寨沟风景名胜区退耕还林补偿情况及社区人口状况
504	2016.8	四川	九寨沟管理局	普通职员	九寨沟风景名胜区退耕还林补偿情况及社区人口状况
505	2016.8	四川	九寨沟管理局	普通职员/原住民	九寨沟风景名胜区原住民就业情况
506	2016.8	四川	九寨沟管理局	原住民	九寨沟风景名胜区原住民每年收入状况（包括公司分红、门票分红等）

编号	时间 /（年．月）	地点	单位	被访谈人	概况
507	2016.8	四川	九寨沟管理局	原住民	九寨沟风景名胜区原住民每年收入状况（包括公司分红、门票分红等）
508	2016.8	四川	九寨沟管理局	原住民	九寨沟风景名胜区原住民每年收入状况（包括公司分红、门票分红等）
509	2016.8	四川	九寨沟管理局	原住民	九寨沟风景名胜区原住民每年收入状况（包括公司分红、门票分红等）
510	2016.8	四川	九寨沟管理局	原住民	九寨沟风景名胜区原住民每年收入状况（包括公司分红、门票分红等）
511	2016.8	四川	九寨沟管理局	原住民	九寨沟风景名胜区原住民每年收入状况（包括公司分红、门票分红等）
512	2016.8	四川	九寨沟管理局	原住民	九寨沟风景名胜区原住民每年收入状况（包括公司分红、门票分红等）
513	2016.8	四川	九寨沟管理局	原住民	九寨沟风景名胜区原住民每年收入状况（包括公司分红、门票分红等）
514	2016.8	四川	九寨沟管理局	原住民	九寨沟风景名胜区原住民每年收入状况（包括公司分红、门票分红等）
515	2016.8	四川	九寨沟管理局	原住民	九寨沟风景名胜区原住民每年收入状况（包括公司分红、门票分红等）
516	2016.8	四川	九寨沟管理局	原住民	九寨沟风景名胜区原住民每年收入状况（包括公司分红、门票分红等）